은퇴 부부의 좌충우돌

세계여행 2

은퇴 부부의 좌충우돌 세계여행 2

발행일 2019년 3월 22일

지은이 송재명, 황순도
펴낸이 손형국
펴낸곳 (주)북랩
편집인 선일영 편집 오경진, 최예은, 최승헌, 김경무
디자인 이현수, 김민하, 한수희, 김윤주, 허지혜 제작 박기성, 황동현, 구성우, 정성배
마케팅 김회란, 박진관, 조하라
출판등록 2004. 12. 1(제2012-000051호)
주소 서울시 금천구 가산디지털 1로 168, 우림라이온스밸리 B동 B113, 114호
홈페이지 www.book.co.kr
전화번호 (02)2026-5777 팩스 (02)2026-5747

ISBN 979-11-6299-576-1 04980 (종이책) 979-11-6299-577-8 05980 (전자책)
979-11-6299-569-3 04980 (세트)

이 도서의 국립중앙도서관 출판예정도서목록(CIP)은 서지정보유통지원시스템 홈페이지(http://seoji.nl.go.kr)와 국가자료공동목록시스템(http://www.nl.go.kr/kolisnet)에서 이용하실 수 있습니다.
(CIP제어번호: CIP2019010651)

호주, 뉴질랜드, 하와이, 괌, 대만, 홍콩, 마카오, 중국심천, 광주 등 50개 도시 여행기

은퇴 부부의 좌충우돌 세계여행 2

송재명·황순도 지음

북랩book Lab

프롤로그

40년 이상 서울에서 거주하면서 36년간의 공무원 재직 시간이 지나가고 2014년 6월 퇴직했다. 퇴직하면 세계 일주 하자는 꿈을 꾸었는데! 2015년 3월 이웃 섬나라 일본을 90일 동안, 17년 동안 사용한 한국 승용차를 가지고 여행하기로 마음먹고 두려움과 '가능할까?'라는 의구심으로 떠난 둘만의 자유여행을 마치고, 많은 추억을 모아 한 권의 여행책(『은퇴 부부의 좌충우돌 일본 자동차 여행』)을 만들어 놓은 뿌듯함에 시간 가는 줄 모르고 훌쩍 2년이 지나갔다.

2017년 11월 아내의 회갑 일이 다가온다. 가족들과 조촐한 축하기회를 만들어 볼까? 요즘 누가 회갑 잔치를 해? 기념 여행 간다는데? 그냥 가족들과 밥이나 먹어? 뭐 이런저런 생각 끝에, 그래 이번에도 90일간 세계여행을 떠나보자! 의기투합하고 가방 꾸리기에 돌입한다.

이번 여행은 일본여행과 다르게 비행기를 이용 이곳저곳을 다녀 보기로 한다. 3개월 동안 가방을 끌고 다녀야 하는데? 어떤 크기 가방을 준비하나 여행 물건은 무엇을 가지고 가나? 고민이 되어 준비된 물품들을 가방에 넣었다 끄집어내기를 몇 번 반복하다 비행기 기내 선반에 들어가는 작은 슈트케이스(운반구캐리어) 하나에 물건을 넣기로 하고 선정해보니 양말 3짝, 내의 3벌, 겉옷 3벌로 한정하고 챙겨보니 작은 슈트케이스에 다 들어가고도 공간이 생길 정도다.

가벼운 백팩 가방을 여분으로 준비 쉽게 사용하는 물품을 넣어 내가 짊어지고 슈트케이스 가방을 끌어보니, 여행 간 이동시 끌고 다니면서 다니는 것이 가능하겠네 하고 낙점한다.

아내에게 떠나보자 하니 망설인다. 이번 여행 목적지는 멀리 떨어진 호주, 뉴질랜드, 하와이, 괌, 대만, 홍콩, 마카오, 심천, 광저우를 다녀오는 많은 여정이 부담되는데 한다.

짧은 영어 대화 그것도 바디랭귀지를 곁들여 의사소통 되는 실력, 중국어 한마디도 못 하는데 가능하겠냐? 물어본다.

언제 영어 배우고, 중국어 배워서 여행 가느냐? 가서 배우자고 우기고 떠나기로 한다. 아내의 나이 60세 여성으로 체력이 저하되는 시기, 내 나이 65세. 아직은 괜찮은데 점점 떨어지겠지? 이런 여건을 고려하면서 여행하는 일정을 짜 보았다.

한국의 거의 70배나 되는 넓이의 호주 땅을 둘이서 막무가내 자유여행을 하기는 조금 무리가 됨을 파악하고 호주 현지 여행사에 비행기, 호텔, 여행 일정을 의뢰 예약하고 한 달 간 호주를 여행하기로 하고 그 이후 뉴질랜드부터는 내가 부딪치면서 해결해 나가기로 하고 출발 일정과 비행기 표를 예약한다.

차례

01

대륙 호주에 용감무쌍 도전

AUSTRALIA

2017. 11. 28. 화

아내의 회갑기념이다. 가족 잔치도 생략하고 3개월 여정을 위해 여유로운 여행을 하고자 배낭 하나 메고 60대의 젊은 부부는 자유여행을 떠나 본다. 힘들면 쉬었다 가고 은퇴자의 여유와 낭만을 찾고자 하는데 그렇게 되길 기대하고 광대한 호주대륙으로 가보기로 한다. 호주대륙은 남한의 70배 정도 크기로 렌터카, 열차 등으로 여행하기에 제약이 따른다.

국내선 비행기만 8번을 타야 하는 1개월 여정에 힘들 것 같다. 비행기, 호텔, 관광지를 현지 여행사를 통해 예약을 마쳤다. 떠나보자! 무엇이 기다리는지!

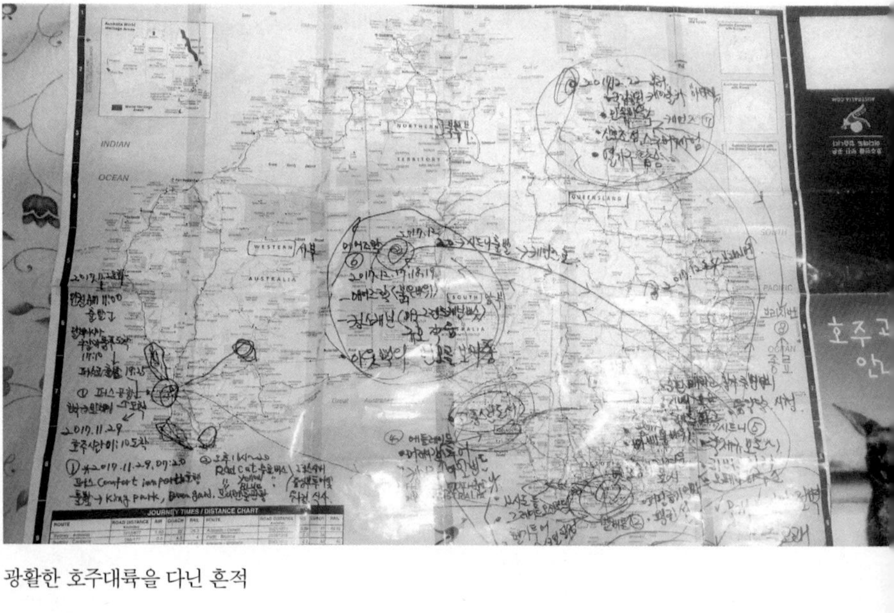

광활한 호주대륙을 다닌 흔적

여보! 황순도님! 지금까지 지나온 여정이 결코 쉬운 것이 아닌 삶이었지만 참고 노력해주어 고맙습니다.

이번 여행이 힘드는 것인데 나만 믿고 간다는 말에 더 고맙습니다.

호주(Australia)

남한 면적의 70배 크기의 7,692,202㎢ 면적에 인구 2천 5백만 명이 태평양과 인도양 사이에 있는 거대한 대륙에 거주하고 있으며, 오랜 기간 영국의 영향으로 유럽의 도시풍경이 그대로 남아 있다. 내륙은 대부분 사람이 살기 어려운 메마른 불모지이거나 사막지대로 인구 대부분이 동쪽과 남부지역 해안지대를 중심으로 분포하면서 도시가 형성되어 있다.

2017. 11. 29. 수

인천공항 오전 11시 출발. 6시간 날아와 17시 말레이시아 쿠알라룸푸공항 도착. 2시간 후 환승. 6시간을 날아와 총 12시간, 새벽 1시에 호주 서부 퍼스 공항에 도착한다.

퍼스*Perth*

호주 전 국토의 약 3분의 1을 차지하는 서부(Western Australia) 주도이자 기점인 퍼스는 시드니에서 4,300㎞나 떨어져 있어 비행기로 4시간이나 걸리는 곳이다. 아내의 회갑기념을 위해 약 3개월 여정의 2일 차. 설렘과 기대감으로 기상. 한국의 계절과 반대로 여름이 시작되어 25도 정도 온도와 새파란 하늘이 너무나 상쾌한 아침이다.

첫 번째 여행지 퍼스시. 출발장소에서 만나는 현지인 운전수 겸 가이드가 영어로 안내하고 확인한다.

약간 긴장이 되면서 당신을 따라다니겠다 표현하니 OK~~ 한다. 시내투어 중 바둑판처럼 계획된 도시구역과 유럽풍의 건물들에 조금 의아한 풍경이다. 100년이 된 철도역사와 상가 건물들 오래된 것과 역사적인 건물은 거의 유럽풍 석조건물이다. 현대 고층빌딩과 옛적 건축물이 잘 보전된 아름다운 항구 도시이다. 스완벨 타워는 퍼스에서 인기 있는 곳으로 여행자들의 필수 방문코스라 여긴다. 도시 외곽 Kings Park, Queens Garden 등 식민시대 영국의 왕과 여왕을 위한 정원이 '와!' 하는 감탄사가 절로 나오게끔 주변 경치의 너무 멋진 자연과 현대도시 모습이 어울리며, 140년 전 영국의 오랜 건물들이 함께 상존하는 모습이 인상적이다. 또한 인도양으로 나가는 뱃길은 항구를 떠나 호리병 몸통과 같은 항구주변 양옆으로 언덕 위에 고급주택들, 그 아래 정박된 고급요트들의 수천 척에 압도된다. 호리병 주둥아리 모양의 프리메탈까지 1시간가량을 가는데 환상적인 풍경에 감탄이 절로 나온다.

Kings Park에서 내려다본 퍼스항구와 도시

유람선에서 본 퍼스시 빌딩

퍼스 도심 현대빌딩과 공존하는 오래된 성당

프리맨틀 *Fremantle*

스완강과 인도양의 바다가 만나는 곳에 위치한 옛 모습을 간직한 항구 도시이며, 아름다운 로트네스트 섬으로 가는 관문이다.

퍼스에서 프리맨틀로 이동할 땐 버스, 열차, 페리를 이용할 수 있는데, 열차를 타고 가는 것이 가장 편리하나, 퍼스 항에서 프리맨틀항까지 페리로 약 1시간가량 가면서 항구 주변 멋진 풍경을 보도록 권해본다.

이 도시는 영국이 150년 전 전쟁으로 점령 후 운영할 때 항구와 철도가 번성하여 거대한 창고와 철도역사 등 거주지 옛 모습으로 남아있고, 낡은 창고를 젊은이들이 카페와 공방 등으로 운영 여행자들에게 볼거리를 제공한다.

오전 투어를 마치고 휴식 후 17시에 나가 시내 무료 투어버스 Rad cat, Yellow cat, Blue cat 버스를 타고 퍼스시 중심가 자유투어를 마친다. 12년 전에 오신 46세 한국인 사장님이 운영하는 POPPO 식당에서 맛있는 음식으로 저녁을 먹고 호텔에서 아내와 캔맥주를 나누며 내일의 여정을 챙기고, 오늘 여행일기를 남겨본다.

POPPO 식당 사장님

프리멘틀역 마켓

프리멘틀시내 노천 카페와 식당

퍼스시내 야경

퍼스시내 100년이 넘은 관공서 야경 모습

2017. 11. 30. 목

3일 차. 퍼스항구에서 30분 정도 나가면, 인도양 방향으로 70㎞ 앞 해양에 작은 섬 '로트네스트'가 있다. 퍼스 근교의 관광지 중 가장 인기가 많은 곳으로, 에메랄드빛 바다 자전거를 빌려서 해변을 달리다가 맘에 드는 장소에서 해수욕을 즐기는 곳이다.

퍼스 항구에서 인도양으로 나가는 호안을 배경으로 30㎞ 정도, 양쪽의 그림 같은 휴양지 주택들과 많은 요트 선착장, 멋진 요트들 모습이 보인다. 관광객 전부 탄성을 지른다.

요트선착장과 멋진 요트들

로트네스트 섬 일주 모습과 해변

호안의 마지막 100m 정도 다리를 지나니 어제 다녀온 프리맨틀 항구가 나왔다. 너무 멋진 풍광에 황홀함 자체였다. 섬에 도착하니, 작은 동산 모임 장소에서 초등학생들 선생님과 현장학습을 나온 것 같은 아이들이 보인다. 한국에서 왔다 하니 교감 선생님이 서울을 다녀왔다 하면서 강남스타일 모션을 취한다. 아내와 함께 춤을 추자 아이들 모두 환호한다. 서울로 여행 오라 하니 함성을 지른다.

섬 투어버스를 타고 약 15km 둘레의 섬을 투어한다. 최고 해발 70m 정도이고, 나머지는 해발 30m 정도 아름다운 해변과 백설 모래사장, 제주 용두암 같은 바위와 에메랄드빛 바다색이 환상 그 자체이다. 부럽다. 섬투어 중 이곳에만 있는 캥거루와 우리나라 암탉 크기의 '쿼카'란 동물이 귀엽다.

2017. 12. 01. 금

4일 차. 퍼스 아침 28도. 습기 없고 구름 한 점 없는 블루스카이 호텔 앞에서 8시에 캥거루, 코알라 농장으로 향한다. 퍼스시내에서 1시간 50분 정도 후 도착하여, 잠꾸러기 코알라와 캥거루를 가까이하였다.

캥거루농장으로 출발하여 3시간 동안 시야가 부족할 정도로 넓은 목장과 끝이 보이지 않는 구릉 없는 나무 군락지가 보인다. 그저 대단히 넓고 크다는 말 이외 표현 방법이 없다. 4시간 정도 달려오니 바닷가에 랍스타 양식장이 있다. 반 마리에 감자튀김을 깔고 우리 돈 5만 원 정도 한다. 점심이다. 먹었으니 기사님이 또 가잔다.

3시간 달려 도착한 곳은 낮은 구릉지대, 땅 표면의 진흙이 바닷바람에 쓸려나가 땅속 바위들이 캥거루가 서 있는 형상을 한 바위 군락지 '파나쿨스'이다. 거대한 석상은 아니고 사람 키 정도의 입석 바위 군락이 인상적인 곳이다.

다시 2시간 달려서 간 곳은 해변 모래가 바람에 날아오는 모래사막 언덕, 거센 모레 바람의 위력을 맛보고 사륜구동을 개조한 버스로 베스트드라이브 기사의 모래언덕 묘기 투어를 즐긴다. 아마도 100년 뒤 서부 북부지역이 사막으로 변할 것 같은 예감이 든다.

파나쿨스 조각공원

모래언덕

사막 투어까지 마치고 퍼스시로 돌아가는 시간은 18시 40분이다. 아직 태양이 서쪽에서 빛난다. 한국보다 이곳 퍼스지역은 1시간 늦다.

오늘 버스 투어에 25명이 함께하였는데 한국인은 아내와 나 2명, 말레이시아 4명, 싱가포르 8명, 이탈리아 1명, 중국 아가씨 자매 2명, 남미 콜롬비아 1명이다. 콜롬비아 미녀 아가씨는 홀로 여행을 왔단다. 모두 영어를 잘들 한다. 영어 잘 못 하여도 즐겁게 함께하면서 바디랭귀지 섞어 청중을 압도하는 즐거움을 선사하고 많이 웃고 하니, 아내와 함께하는 여행길을 모두가 축하해준다.

'South Korea travel come in~~!'

모두가 환호로 박수 보내준다. 여행자에겐 국경이 없어진다.

오늘 하루 먼 여정이었지만 함께 즐거움을 나누었으니 피로도 물러가고 즐거움만 남았다.

내일 아침 9시 멜버른으로 날아간다.

멜버른 *Melbourne*

동남부 해안 포트필립 만의 안쪽에 자리 잡고 있으며 인구 500만 명 도시로 호주의 옛 수도였으며(1901~1927) 시드니와 더불어 호주 대륙에서 가장 크고 중요한 도시이다. 신식과 구식이 조화롭게 어울려 포근한 느낌을 준다.

2017. 12. 02. 토

5일 차 퍼스. 오늘의 기상 시간은 오전 6시. 온도는 18도이다. 어제처럼 구름 한 점 없는 블루스카이 하늘의 먼지가 보일 듯하다. 서부지역 투어를 마치고 중남부 멜버른을 가기 위해 호텔에서 20분 정도 택시를 탔다. 우리 돈 5만8천 원 요금으로 국내선 공항터미널에 도착한다. 9시 20분 퍼스 공항이륙 아래를 내려다보는데 곡물을 거둔 드넓은 밭들이 나타나서 감탄하였다. 그런데 비행기 속도가 느린가? 밭 한가운데서 정지한 느낌이 들었다. 거의 두 시간 가량을 날아가는데 드넓은 밭이 끝나고 바다 위로 날아간다. 과연 넓구나! 호주대륙. 근데 저 넓은 토지에 무얼 심고? 누가 농사짓나? 한걱정을 하고 잠시 잠이 들었다. 11시 30분 기내 식사를 먹고 1시간가량 더 가는데 도착 준비를 알린다. 손목시계를 보니 13시인데, 뭔소리? 항공표에는 15시 45분 도착 예정인데. 기장이 마구 밟아서 빨리 왔

나? 빨리 왔다니 좋았다. 이런? 공항 청사에 들어와 시계를 보니 15시 50분이다. 뭐지 내 손목시계가 잠을 잤나? 그래도 손목에 차고 있는 시계는 36년 전 아내와 장모님이 결혼 예물로 (그 당시 거금을 주고) 구입한 묵직한 All Stainless 자동 태엽시계(손목에 차고 흔들어주면 시계 속 묵직한 회전판이 회전하면서 태엽을 감아주는 올드 모델)이다. Mobile phone 시계만 사용하였는데, 기내에서 꺼두었던 폰을 가동시키니 멜버른 현재 시간 15시 58분을 알려준다.

'아하~ 호주대륙이 이렇게 넓고 크구나! 서부 퍼스에서 4시간 비행기를 타고 오니 2시간의 시차가 생겨 공짜로 2시간이 날아갔네. 하~ 하, 멍청하네.'

아라강변 고급호텔

시내 호텔에 도착. 도심 중앙으로 흐르는 아라강변(한강 변 성냥갑 아파트 풍경과 다름) 경치 좋은 레스토랑에서 호주산 스테이크로 저녁 만찬을 마치고 그곳을 들러 보려 하였으나, 어제부터 내린 비가 잦아들면서 바람이 거세게 불어 우산이 날아갈 것 같다. 아쉽지만 강변 산책을 생략하고 호텔로 돌아와 일기를 남기면서 내일 여정에 비가 멈추어 주기를 바라는데, 핸드폰에 뜨는 기상 정보는 비가 온단다. 에이~ 모레는 쨍쨍. 멜버른의 저녁은 비가 내리고 13도의 싸늘한 날씨다.

2017. 12. 03. 일

6일째, 멜버른 1일 차. 어제저녁은 비바람이 세차게 불었었는데 잠들기 전 아내와 함께 비 멈추길 기도한 것이 효과를 보았나 06시 창밖을 보니 비가 멈추었다. 영상 8도 싸늘하다. 겨울옷으로 무장 호텔을 나선다. 다행히 오늘은 가이드 젊은 한국 청년이다. 오늘 가이드 회사가 현지여행사다. 사장님 한국인 50대 중반 오늘 함께할 분들 10명 특별히 사장님이 나와 인사해준다. 20년 전에 멜버른에 와서 다른 사업 후 7년 전 여행업을 시작 현재 멜버른에서 제일 큰 여행사 정도 된다고 한다. 대단한 열정가이다.

가이드 인사하면서 오늘은 총 11시간을 함께하니 편하게 하자고 서로 인사 나누었다. 다행히 어제 폭풍으로 휴식을 취하여서 오늘 컨디션 굿이라고 하면서 웃음 인사에 함께 박수로 화답한다.

장거리를 갈 테니 잠시 잠을 자라고 권해준다. 나는 가이드(운전 함께함) 옆자리 조수석에 앉아 이런저런 이야기를 나누면서 달리는 차량 앞으로 나타나는 시원한 풍광에 흠뻑 빠져보았다.

멜버른 시내를 벗어나 가끔 뿌리던 가랑비도 멈추어주어 아름다운 자연을 더 기대하게 해준다.

총 4시간을 달려 '그레이트오션' 해변 길로 들어서서 파도에 침식된 거대한 절벽과 그곳에서 분리된 바윗덩이가 보는 이의 가슴을 두드려준다.

자연의 오묘함이 이런 것인가? 장장 4시간을 달려온 보람이 함께해준다.

그곳의 이름들 12사도 바위들 런던 브리지 바위 기암절벽의 로크아드 고지 등 자연의 신비로움을 가득 담아보았다.

12사도 제일 큰 바위

헬기에서 내려다본 12사도 절벽의 모습

출발지 시내로 돌아오니 18시 저녁 식사 후 유레카 스카이텍 88층 전망대에서 내려다보는 멜버른 시내. 일요일이라 주변 빌딩들 야경이 아쉽게 적었으나 도시 야경의 아름다움을 가득 담아보았다.

도심 빌딩 야경

시내 중심가를 무료 전차투어를 3회 돌고 호텔까지 걸어서 차이나타운 등 중심상가는 여름인데? 벌써 크리스마스 축제 전야 행사로 떠들썩하다.

한국의 겨울 크리스마스를 생각하니 조금 웃음이 난다. 군중들과 함께 환호해주었다.

서부 퍼스시보다 2~3배 큰 도시로 130년 전 고풍스런 건물들이 규모도 웅장하고 아름답게 건축된 오래된 관공서 은행 호텔들이 키다리 빌딩들과 함께 어울림을 자랑하는 도시다. 멜버른의 저녁은 여름 계절인데 13도의 싸늘한 날씨다.

시내 무료 전차

차이나 타운

백화점 야경

2017. 12. 04. 월

7일째, 멜버른 3일째 여행이다.

가랑비가 바람에 흩어지면서 날린다. 우산을 들고 아침 미팅 장소로 운동 겸 30분을 걸어가면서 아침 도시 주변 풍경을 감상하는 여행자의 여유를 부리면서 카메라도 눌러보고 출근하는 미남 미녀들이 많이 보인다. 멜버른 시내 외곽에 2시간 정도 도착. 500m 정도 산 중턱에 우리의 전원주택단지와 비슷한 50여 호 정도 '사샤프라테' 마을이 조성되어 있는데 방문하였다. 길가에 일본사찰 입구에 세워진 붉은색 도리이가 세워진 집이 있다. 여기에 일본사찰이? 궁금하다. 도리이를 통과하니 사찰은 아닌데, 분제 소나무 형태의 모습처럼 분제 화분이 많이 진열되었다. 궁금증이 폭발한다. 산골 마을에 분제 화원? 계속 들어가 보니 털북숭이 50대 아저씨 분주히 분제 화분 나무를 만진다. 커피숍? 카페? 물으니, No란다. 뭐라 하는데 못 알아듣는다.

분재를 만드는 아저씨와

옆집이 유명한 수제 빵, 피자, 커피집 손님이 붐빈다. 하트를 만들어 주는 카푸치노 한 잔으로 아내와 잠시 커피타임을 만들어 보았다.

내가 플라워 디자이너? 하니 갸우뚱하더니 웃으면서 맞다는 표정이며 반갑다고 악수 건넨다. 한국에서 온 아내와 호주여행 중이라 설명하니 축하 많이 해준다. 해피버스데이 노래를 해준다. 옆에 있는 친구와 사진을 요청하니 흔쾌히 Yes 표정을 지어준다. 여행자만의 여유를 만들어 보았다.

퍼핑 빌리*Puffing Billy*

퍼핑 빌리는 멜번 근교에 위치한 단데농 산맥 중앙에 1900년에 건설된 이 기찻길은 당시 단데농 산맥의 나무와 농산물을 나르는 중요한 교통수단으로 사용되어 오다 교통수단의 발달로 1954년 단선되었다.

다시 일부 구간만 다시 운행을 시작 관광객들을 실어 나른다. 거의 70대 기관사들이 제복을 입고 10년이 넘은 증기기관차를 관광용 객차로 개조하여 운행하면서 소문이 나기 시작 멜버른에 여행 오는 모든 이들이 찾아오는 퍼핑 빌리 증기기관차 투어가 탄생된 곳으로 많은 중국인들이 객차 내를 점령한다. 한국인들도 몇 팀 만난다.

삐익! 소리의 출발 신호와 증기 스팀을 뿜어내는 묘한 분위기에 열차 안 젊은이들 환호한다. '객차 창문으로 두 다리를 내어놓고 달려가는 모습을 카탈로그에서 보았는데, 이런 모습이구나.' 언덕길에서 핵~ 핵~ 하면서 오르는 기관차. 내려서 밀어줄까? 이 또한 즐거움을 만들어주네! 이쪽에서 저쪽역까지 총 세 정거장, 하 하 하! 그야말로 관광용이다. 하차 손님들과 기관사 할배 승무원 복장 할배들 너 나 할 것 없이 달려드는 관광객들에게 활짝 웃음으로 모델이 되어준다.

멋쟁이 할배 승무원

다음 여행지로 3시간 이동한다. 호주와 뉴질랜드에서만 살고 있는 '리틀 펭귄'이 해안가로 올라온다는 동북쪽 필립 아일랜드로 간다. 섬 주변이 화산 용암의 낮은 주상절리 등 풍광이 멋진 해안 절벽이 가득하다.

이곳에 펭귄이? 저녁 9시쯤 올라온단다. 펭귄 상륙 환영 인파를 위한 관람석까지 마련해주고 펭귄 가까이 갈까 봐 안전요원 7~8명이 분주히 오가면서 카메라 꺼내는 사람보고 No~No 하면서 펭귄 촬영금지를 강력히 제지한다. 21시, 해가 거의 넘어가서 어스름 어둡다. 펭귄 상륙 지점은 관람대에서 거의 50m 이상 거리. 내 시력이 상당히 저하되었는데 보일까? 이곳 저곳에서 손가락으로 가리키는데 내 시야에 들어오는 것은 어

리틀 펭귄 상륙 해변에 기다리는 관람객

리틀 펭귄 안내 광고판

스름 조그마한 것이 무리를 지어 모래사장으로 올라오는 형상. 보이기는 하는데 저게 펭귄인가? 오리 떼인가? 구분이 안 가는데 사람들이 옆으로 우르르 몰려간다. 아내의 손을 잡고 달려가 보니, 보행로 나무 테크 옆으로 키가 한 30㎝ 정도의 어린 새끼 펭귄이 무리를 지어 올라가고 있다. 뭐지? 왜 새끼 펭귄만 올라오나? 덩치 큰 어미 펭귄은 안 올라오나? 별별 생각을 다 하였는데 위대한 펭귄 상륙작전 종료되었단다. 뭐지? 셔틀버스에 타서 어미 펭귄들은 어디 갔냐? 물으니 제일 앞에 올라가는 펭귄이 어미 펭귄이란다. 엥? "그래서 '리틀 펭귄'이라고 했잖아요." 한다. 무식한 나와 아내. 그 말이 뭔지도 모르고 남극 펭귄을 본다고 들떠 있었는데, TV에서 펭귄을 본 적이 없어야 하는데, 우리는 머릿속에 남극의 큰 펭귄을 그리고 있었는데. 비슷한 나이의 여행객 사이에서 실소의 웃음소리가 나온다. 차 안이 웃음바다가 되었다.

성급한 상상은 금지해야 한다는 것을 실감했다. 관광지 입구에 서 있는 입간판의 펭귄 모습을 사진으로 남겨두었으니 펭귄 보았다고 할 수가 없다. 믿거나 말거나다.

내일은 멜버른 앞 테즈매니아 섬으로 비행기로 1시간 30분 호바트란 시에서 새로운 여정을 만들어 본다.

타즈매니아*Tasmania* 섬

호주 최남단 섬으로 남한보다 조금 작고 50만 명 정도 주도 호바트시는 시드니 다음 2번째로 세워진 도시로 죄수들을 끌어와 대륙건설을 위한 원목체취 및 감옥이 있던 곳 등 자연과 옛 역사가 살아있는 섬으로 천혜의 해안절벽 등 감탄스러운 자연이 많다.

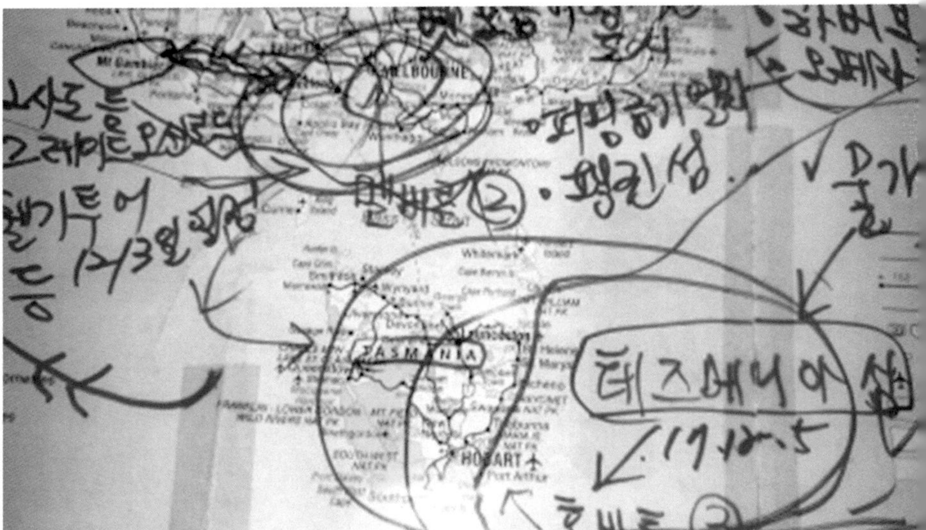

2017. 12. 05. 화

호바트시

주도 호바트시 20만 명이 모여 사는 작은 도시이다. 호텔을 나서 내일 미팅 장소를 확인코자 나서는 길 주변 건물 거의 100년 전 영국식 건물이 즐비하다. 항구 부근 시청이 너무 정감이 가고 연한 황토색사암 돌로 지은 건물들에서 예전 사람들이 근무하는 것 같다. 부둣가 미팅 장소를 확인하고 천천히 왼쪽 길로 가보니 작은 언덕에 탑이 보인다. 도시 풍경은 높은 곳에 올라야 한다. 잘 가꾸어진 충혼탑 공원이다. 주변을 둘러보니 호바트 항구 주변에 몰려있는 아름다운 주택들 그리고 시가지 중심 모습이 자그마한 아름다운 항구 도시이다.

호바트시 모습

충혼탑 앞에 가보니 놀라운 문구가 중간에 있다. 상단은 1919년 전쟁을 기록하였고, 중단 부문 처음 글자에 1950년 'Korea War'라는 글과 베트남 전쟁을 표현해 두었다.

그 당시 한국전쟁에 호주 군인 17,000여 명이 참전하였다고 한다. 340명 전사, 1,216명 부상 29명 포로가 발생하였다. 아내와 함께 묵념으로 예를 표하였다.

조금 있으니 대학생 6명 오길래 인사 나누고, "당신들 할아버지가 한국전쟁에 참여하고 돌아가셨다. 고맙다."는 말을 전했다. 그들도 이해한 듯 반겨주고 악수해준다. 충혼탑에서 내려와 옛 공장을 레스토랑으로 개조해 영업하는 곳으로 들어갔다. 손님들이 가득하다. 18시, 배가 고프다.

메뉴판을 보니 스테이크 메뉴를 추천한다. 두툼한 고기, 샐러드를 많이 준다. 너무 맛있고 연하여 먹는 도중 셰프가 지나가길래 '엄지 척'해주니 고맙다고 인사한다. 셰프는 이 지역 원주민이란다. 그리고 모든 직원은 20대 후반 청년들, 모두 백인 호주인들이다.

보통 식당에 서빙 직원들은 동남아 계통이었는데, 1인 식대가 우리 돈 3만 원대이다. 좋은 스테이크 식사를 마치고 서로 인사하고 나오는데 셰프가 기념품을 들고 와서 건네준다. 고마웠다. "Welcome Korea!" 외치니, "Yes"로 화답한다.

호버트 충혼탑 공원 앞에서

공장을 개조한 레스토랑

식사 후 호텔로 걸어왔다. 20시 30분. 상점들은 문을 닫고 다들 퇴근하여 거리에 사람이 보이질 않는다. 둘이서 가로등 불빛 아래 고풍스런 시청, 특이하게 시계탑이 있는 우체국, 은행, 호텔 그리고 종교 건물을 한참 둘러보고 거리를 올라가는데 한국식당이다. 마감하는 한국인이 보여 문 열고 인사하니 젊은 주인 놀란다. 한국에서 여기까지 여행을 왔다고 내일 저녁은 여기서 먹겠다 하니 꼭 오라고 한다.

언덕 쪽 오래된 교회 건물 구경을 가니 순복음교회란다. 놀랐다. 이곳에 한국인 교회라니. 앞에 가보니 '순복음교회'라고 한글과 영어로 된 표기 간판이 있다.

놀라웠다. 인적이 없어 가로등 불빛만 외로운 길을 아내의 손 잡고 이런저런 이야기 속에 호텔에 도착한다. 호바트시 초저녁 온도 18도다. 일교차가 심하다. 피로와 감기를 조심해야지. 따뜻한 물로 샤워하고 호바트시 1일 차 일기를 남겨 본다.

2017. 12. 06. 수

호주여행 9일 차, 호바트시 2일 차 여행이다.

11시 온도 17도 야간 13도이다. 떠날 때 호주는 12월부터 1월까지 여름이라 해서 겨울옷을 별도로 챙기지 않았다. 한국 11월 복장에 가벼운 옷을 껴입고 바람막이 재킷으로 다닌다. 호주가 여름이란 말에 속은 것 같다. 알아보니 적도에서 가까운 곳이 북쪽인데 케언스는 38도란다. 근데 최남단 호바트는 남극이 가까우니 여름에도 18도 정도란다. 위도가 3개나 아래로 내려오다니, 정말 국토가 너무 크다.

9시 30분 투어버스에 승차. 10명이 80대로? 보이는 할배기사 겸 가이드와 시내투어 나선다. 항구 주변 오래된 창고 등 건물을 재생하여 박물관, 갤러리, 카페, 음식점 등 100여 개 이상의

아담한 테라스가 이쁜 가정집

연한 황토색 사암돌 건물 우체국

호바트 시청

호바트 박물관

상가에 사람들이 많이 모인다. 성공한 작품인 것 같다. 도심을 벗어나 언덕을 오르니 작은 집들이 거의 유럽식이다. 우리의 덕수궁 연회장 양식과 참 많이 닮았다.

집 테라스에 장식 문양과 방법이 그렇다. 젊은 사람들 특히 여성분들이 너무 좋아한다.

2시간 이상 곳곳을 다녀주면서 설명을 하는데, 모두 웃고 “Yes” 하는데 우리 둘만 대강 지나간다. 영어 듣기 문맹자의 한계 투어버스. 출발지에 도착하니 점심을 먹으라고 한다. 항구에 서울 한강 세빛섬처럼 물 위에 구조물을 지어놓은 레스토랑 등이 있다. 근사한 조망과 고급스러운 분위기 메뉴판 가지고 왔는데 그림이 없고 영어다. 멜버른에서도 고급 호텔 영어 메뉴를 받아서 통성명하면서 근사한 스테이크 먹고 나왔고, 어제저녁도 그림판 메뉴 보고 주문을 완성했다. 셰프한테 기념품까지 받았는데. 정장 차림의 여직원에게는 주문 진도가 나가질 않는다. 조금 후 남자직원으로 교체. 스테이크와 샐러드, 빵, 감자, 소스 등을 물어본다. 스몰 2개 주문. 직원이 뭐라고 자꾸 말을 건다. 샐러드와 포테이토를 3번 강조하니 주방에 주문을 넣는다. 10분 후, 짠~ 스테이크가 나왔다. 중국집 우동사발 그릇에 롤 소고기를 10㎝ 정도 썰어서 파프리카 비슷한 야채가 볶아서 함께 나왔다. 일단 OK. 또 김밥 두 줄을 썰어서 담아주는 그릇에 감자알만 8개 나왔다 고속도로 휴게소에서 파는 버터 통감자와 같은 것이다. 뭐지? 스테이크 1개는 어디 있나?

하니 내 스테이크와 감자를 가리킨다. 하~하~하~. 또 영어 문맹의 비애. 유식하게 OK 하였다. 근데 스테이크도 감자도 정말 짜다. 물 2병을 마셨다. 감자 8개, 우리 돈 2만 원?

티켓이 3종류가 나왔는데, 오전에 버스투어로 1장 쓰고 17시에 출발하는 박물관 표가 우리 돈 2만8천 원짜리와 0원짜리 표 2가지가 있다. 가이드할배가 표를 보여주면서 17시에 이곳에서 출발한다고 몇 번 강조한다. OK 한다. 주변을 둘러보고 16시 30분에 출발장소 도착. 아무도 없다. 40분. 일행, 할배가이드 아무도 없다. 50분. 아무도 없다. 땡! 17시. 아무도 오질 않는다. 뭐지? 표를 보았다. 1장에 영어로 FERRY라고 쓰여 있다. 뭐지? 아! 이 티켓은 17시에 자유로이 박물관에 들어가는

항구 선상 레스토랑

FREE 티켓으로 읽고 선글라스도 착용했지만 어쨌든 프리티켓이니 어제 봤던 건너편 박물관에 가보았다. 사방 문이란 문 다 두드렸는데 개미 새끼도 없다. 뭐지? 지나가는 청년에게 표를 보여주니 우리가 집결한 장소를 가리킨다. 다시 턴. 그 옆 새로 재생한 박물관을 말하나 보다. 5분 걸어 도착. 표를 주니 다시 건너편 모인 곳으로 가란다. 그곳은 어렵게 주문해서 점심을 먹은 레스토랑밖에 없는데. 문득 레스토랑 갈 때 복도를 지나면서 MONA 영어 세움 간판을 본 것이 기억난다. 아하! 이런 미련퉁이. 17시 35분이다. 카운터 여직원에게 보여주니, "Over Time!" 몇 번을 외친다. 왜? 내가 걸어가겠다는데. 손으로 물결 모습을 한다. 어? 배를 탄다고 한다. 다시 글씨를 보니 FERRY라고 보인다. 뭐지? FREE라고 본 문맹자의 실수다.

100년이 넘은 와인 양조장

"Sorry!"를 외치고 나오면서 아내와 크게 웃었다. 우리 돈 5만 원을 날린 추억을 지울 수 없겠지. 이 또한 자유 여행자의 추억이고, 이 작은 도시에 섬에 박물관이 있으리란 선입견을 버리지 못한 결과다. 천천히 아내의 손을 잡고 여유롭게 식당을 찾아 맛있는 저녁 식사 후 19시 호텔에 도착. 저녁 날씨 13도, 싸늘하다.

2017. 12. 10. 일

13일째, 애들레이드 2일째 시내 워킹 투어에 나선다.

호텔이 시내 중심부에 있다. 120만 도시인데 일요일이어서 그런가 거리가 한산하다. 역시 이 도시도 150년 전 영국식 오래된 건물들과 비슷한 모습들이다. 아름다운 건물이 너무 많다. 특히 애들레이드 대학교 캠퍼스는 거의 오래된 건물과 새로 신축한 것도 같은 유형이어서 마치 예전으로 돌아간 느낌이 든다. 정감이 가고 아름다운 캠퍼스다.

오후에는 무료순환 버스를 이용, 도심과 외곽을 돌아본다. 참 아름다운 도시다.

구름 한 점 없는 파란 하늘 강한 햇살, 15시 23도. 너무 건조하다, 21시 50분 18도.

애들레이드 대학교 도서관

애들레이드 철도역

애들레이드 미술관

애들레이드 성당

성당 내부

2017. 12. 11. 월

14일째, 애들레이드 3일째. 북동쪽으로 2시간 '머레이강' 투어를 한다. 한강 넓이의 절반 정도 황토물이 잔잔히 흐른다. 50명 정도의 여행객 중 한국인 2명, 홍콩 가족 7명, 싱가포르 2명, 나머지 호주 현지인들로 시드니 등 다른 도시 거주 70대 이상 할아버지와 할머니 여행객들이다. 오래된 낡은 목조 테이블 의자를 갖춘 유람선 레스토랑이다. 점심으로 큼직한 생선튀김이 나왔다. 입안에서 사르르 녹는다. 식사 후 이 층에서 사진 촬영 등 여유를 가진 후 아이스크림을 먹는다. 한국에서 여행 온 부부라고 소개하고 아내의 60회 생일이라며 3개월 여행 중이라 하니, 모두 갑자기 'Happy birthday' 합창을 해주신다. 엄지 척해주신다. 이방인들에게 이렇게 큰 축하를 받으니, 부부는 눈물이 고인다. 할머니 한 분이 안아주시며, 사진 촬영에 기꺼이 응해주신다.

잠시 후 레스토랑 매니저가 소개를 듣고 우리 테이블로 와 'Happy birthday' 하면서 샴페인 2잔을 선물로 준다. 모든 여행자의 박수를 받으며 샴페인으로 모두 건배를 외쳤다.

잠시 후, "여러분의 형제들이 군인으로 총 들고 한국 전쟁(1950년) 참전해주어 고맙다."고 인사하고 호버트 전쟁기념 공원에 참전 기록이 있다 하니, 모두 박수로 답한다. 가슴에 뜨거움이 흐른다.

이렇게 영어로 설명하였다.

Hello nice to meet you Im south korea seoul My wife is sixty years old and Happy birthday event three months travel and korea war history south the north war and next Peace.

Australia army veterans Thank you.

선상 레스토랑에서 축하

강 주변에 멋진 별장들, 요트장, 워터스키 하는 사람들이 보인다. 북한강변 두물머리 위 강변을 연상시킨다.

머레이강 투어를 마치고 어디로 가는데 멋진 풍경이 펼쳐지는 들판이 갑자기 나타난다. 지름 1m 이상, 오일 파이프라인이 10km 이상 보인다. 대단하다.

강 주변 고급 주택들

오일 파이프라인

오래된 작은 초콜릿 공장에 들렀다. 초콜릿 몇 봉 사고, 우리 돈 4천5백 원 하는 카푸치노 큰 것을 한 잔 사서 아내와 한참 동안 마셨다. 투어를 마치고 중간 기착지에서 내리시는 할아버지, 할머니들. 모두 내리시면서 손잡아주고 'Happy birthday'를 외쳐 주신다. 뭉클하다. 여행자들만이 주고받을 수 있는 모습이 아닐까? 지금까지 가장 즐겁고 행복한 하루였다. 아침 18도 오후 4시 28도. 햇볕은 따끔하나 그늘에 서면 시원하며, 습기 없고 구름 한 점 없는 파란 하늘이 온종일이다.

2017. 12. 08. 금

호바트시 3~4일 차 여행이다.

상쾌한 아침, 8시 미팅 장소에서 운전기사 겸 현지인 가이드를 만난다. 68세. 너스레가 좋다. 12명 출발. 호바트 Hobart(현지인들은 하이밧이라 부른다.) 시내에서 2시간 남쪽 끝 '포토아서타즈만' 반도로 달려간다. 1시간 30분 달려 아름다운 호수정원을 갖춘 멋진 라벤다 공원 겸 카페에서 커피와 맛있는 빵으로 식사를 한다.

1시간 더 달려 쾌속선을 타는 마을에 도착. 설명을 듣고 보온 외투를 입고, 빨간 비옷을 챙겨 입고 서서히 남극해 쪽으로 달린다. 파도타기를 심하게 하며 낙하를 수없이 할 때마다 여성들이 비명을 지른다. 30분 달려와, 시루떡 바위들이 1㎞ 이상 유지되는 모습과 70~80m 높이의 거대한 절벽이 펼쳐지는 모습에 압도된다. 남해 홍도와 비슷하다. 규모가 대단하다.

감탄사 연발. 10분 정도 달려가니 이번에는 제주도 주상절리 바위 형태의 100여m가 넘는 돌기둥이 3~4㎞ 정도 되는 장관으로 펼쳐진다.

주상절리의 낮은 곳은 물개들의 놀이터와 취침 장소로 쓰이나 보다. 귀여운 물개들. 사람 소리에 도망가는 녀석, 고개 들고 인사하는 녀석들이 보인다.

3시간 동안 절벽과 물개 투어를 마치고 돌아오는 중간 지점. 포트라서란 귀족 별장같이 잘 가꾸어진 정원과 다 무너지고 벽체와 뼈대만 남은 건물들이 있다.

이곳은 1830년대부터 1977년까지 중범죄자를 수용하였던 교도소 터다. 아이러니하다. 죄수들의 교도소 시설이 유명한 관광지로 변하다니.

허물어진 교도소

허물어진 교도소 내 성당

아침 출발지 호바트항에 18시에 도착하니, 웬 20대 아가씨들이 화려한 드레스를 입고 Elizabeth st. pier란 창고같이 생긴 길다란 건물광장(반포대교 새빛섬과 비슷한 레스토랑)에 모여있고 20대 초반 청년들이 정장 차림으로 유명한 올드카나 고가의 스포츠카에서 내려서 여자들과 인사도 하고 사진도 찍고 한다. 어른들도 많이 나와 있다. 물어봤다. 남녀 청춘들이 '만남의 날'을 하는 것이란다.

4일 차. 오늘은 40대의 활기찬 가이드 겸 운전기사가 계속 설명한다. 나는 못 알아듣는데 남쪽 끝 '부루나섬'으로 달려간다. 3시간 절벽 감상을 위한 출발, 어제처럼 롤러코스터 수십 번. 어제 그곳보다 규모가 조금 작은 멋진 주상절리 등 여러 모습을 감상하고 이곳은 물개들이 어제 그곳보다 몇십 배 많이 있다. 꺽~ 꺽~ 입 벌려 싸우는 모습 등 재미있는 풍경을 가까이

관찰하며 색다른 여행의 묘미를 느껴 본다. 물개들의 자리에서 조금 떨어진 곳으로 선장이 키를 돌려 가는데 많은 돌고래 때가 날아오른다. 모두 한호성으로 서터 누르기 바쁘다. 몇 장 찍기는 하였는데 선장님 돌아간단다. 돌고래, 물개에게 모두 손 흔들어 준다.

4일간 남극과 가장 가까운 호바트에서 즐거운 여행을 마친다. 돌아와 이런저런 웃음 나는 이야기로 저녁 식사하고 내일은 중남부 도시 애들레이드로 2시간 20분 정도 비행기로 날아간다.

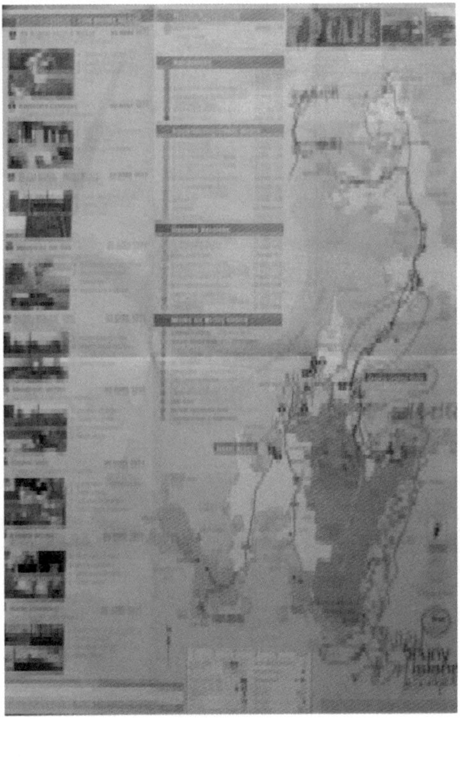

호바트 시내 백화점 앞 크리스마스 봉사대

호바트 항구에 정박한 요트

2017. 12. 09. 토

첫날 여행사 버스 가이드의 영어 설명을 알아듣지 못하여 팸플릿으로 이해하였는데, 오늘은 시내 투어버스에 통역이 있어 한국말 설명이다. 설명을 듣고 보니, 호바트는 슬픈 역사를 간직하고 탄생한 도시다.

중범죄자들을 수용한 건물은 허물어져 유명 관광지로 변하였고, 네덜란드 발견 후 영국이 지배할 때부터 이곳은 죄수를 가두고 수용하는 목적이 가장 큰 도시였다. 그 당시 총독 관저는 해안을 바라보는 곳에 있어 현재도 잘 보전되어 있고, 그 옆은 죄수들이 만든 공원으로 지금은 유명한 자연식물원과 작은 동물원으로 변신하여 관광지로 유지되고 있다.

그리고 도심에서 10여 분 떨어진 외곽은 멋진 풍경을 자랑하는 큰집들이(성북동, 한남동, 평창동과 비슷) 있다. 이곳이 그 당시 장교들의 집이 있었던 자리라 한다. 건너편은 작은 집들이 모여 있는데 그곳은 죄수들을 하인으로 고용하고 잠자는 숙소로 사용한 곳이라 한다.

도시를 바둑판처럼 건설할 때 많은 죄수를 동원 도시를 건설한 곳이라 하고 죄수들이 다닌 교회 여죄수들이 있었든 교도소는 허물어지고 없고 건물터 벽체 일부분이 유네스코 유산으로 등재되어 있다.

시내 중심부에 교도소 재판정 등 그 당시 건물이 그대로 보존되어있다. 알고 나니 조금 숙연해지는 도시이다.

애들레이드*Adlraid*

멜버른에서 서북쪽으로, 비행기로 2시간 정도 위치에 있는 도시이다. 다른 도시는 유배지 죄수들로 시작된 것과 다르게 1836년 영국에서 신천지의 꿈을 갖고온 이민자들에 의해 시작되었다. 가장 영국적인 느낌을 풍기는 곳이다. 19세기 계획도시라는 게 믿기지 않을 만큼 반듯하고 멋스러운 건물들이 즐비하며, 다른 도시에 비해 고층 빌딩이 적어 정겨움이 나는 곳이다.

하늘에서 내려다본 도시 근교 대단히 넓은 목장지대이다. 공항 근처 외곽 바둑판처럼 반듯한 계획도시에 부럽다. 저녁 식사 후 거리 모습은 호바트 시내 풍경과 전혀 다르다. 활기차고 사람들로 넘쳐난다.

갑자기 횡단 보도에 덩치가 웅장한 백색 털의 말 두 마리 위에 경찰 두 명이 타고 있다. 신호등에 따라 제일 앞에 멈춘 위풍당당 모습이 거리의 시민과 운전자를 압도한다. 저렇게 큰 말이 있나. 참 멋있게 생겼다. 백색 말꼬리가 길게 늘어져 당당한 모습에 감탄했다. 말 엉덩이 위에 빨강, 노랑, 녹색 전등이 신호 색과 같이 들어와 뒤에 오는 차량에 신호를 전달한다. 여행자의 눈길을 사로잡는다.

고풍스러운 옛 건물들, 야간조명으로 아름답다.

순찰 중인 백마를 탄 경찰

2017. 12. 12. 화

14일째, 애들레이드 4일째 아침. 18도, 남서쪽으로 2시간 20분. 호주의 축소판 같은 '캥거루 아일랜드'를 투어한다. 훼리 선미에서 우연히 20㎞ 거리 바다를 내려보는데, 돌고래 두 마리가 공기부양정 양 날개 앞에서 배 속도보다 앞서 날쌔게 날아오르면서 경쟁하는 모습을 보았다.

해발 50여m 정도 접시를 엎어놓은 모양의 섬에서 투어버스로 원시림 속을 달린다. 시야가 부족할 정도의 목장, 태초의 나무 군락지 사이에 도착했다. 국립공원 직원이 설명 후 출입문을 열어주는데 비취색 바다가 펼쳐진다. 그 앞에 거대한 몸집의 바다사자들이 햇볕 아래 드러누워 쉬고 있다. 신기하다. 모두 사진을 촬영한다. 50여 명씩 그룹을 지어 관람시키는데 안내요원이 4명이나 붙는다. 뭐지? 1명 해설사, 1명 뒤에 출입문 닫고, 열어주는 사람 2명, 관람자 그룹에서 이탈하는지 감시자들로 완전 포위되어 관람한다. 바다사자가 우선이니까.

30m 근접하여 바다사자와 촬영해본다. 근데 왼쪽에 바다사자가 더 많다. 그쪽에도 관광객이 있다. 가이드한테 우리 팀도 저쪽에 가자고 하니, 뭐라고 하면서 "No~ No" 한다. 뭐지? 인원 제한인가? 그쪽은 큰놈들이 더 많고 더 가까이서 관람한다. 저쪽 줄에 서야 했는데… 아쉬웠다. 예전 논산 훈련소에서는 줄 잘 서면 카투사를 갔다는데. 30분 관람이 끝났다. 마지막으로 나오니 철문을 닫는다.

우거진 원시림 숲

휴게소 기념품 가게 앞 출입구에 큰 종이가 붙어 있어 읽어 보니 관람요금표다. 우리는 1만6천 원, 바다사자와 가까운 코스는 3만6천 원이다. 무식하게 가이드한테 그쪽으로 가자 하였으니… 몇 팀들 함께 웃는다.

점심은 뷔페이다. 야채 햄버거 등으로 자연스레 한 접시 비운다. 뭐지? 현지인 적응 14일 만에 합격인가? 가이드는 또 가잔다. 이번에는 코알라 농장이다. 잠보 코알라들. 10m 이상 나무 위에서 잠만 자고 눈길도 주지 않는다. 모두 6마리 정도 보았다. 오늘 여행팀에는 호주사람은 몇 명 없고 중국인이 많았다. 싱가포르, 인도 등이 모였고, 젊은이와 아이들이 있다. 아이들은 코알라와 캥거루를 보고 신났다.

또 가잔다. 비포장도로와 포장도로를 번갈아 가는데, 태초 자연림 상태의 지역인 것 같다. 울창한 나무숲 속 죽은 나무들이 있는 공간으로 100m 정도 들어갔다. 제자리로 돌아 나오기 힘들겠다. 울창한 나무숲 안에 축복의 땅이 보인다. 감탄사가 절로 나온다.

15시. 따가운 햇볕을 가리려 선크림을 한 번 더 발라준다. 따갑다. 온도는 29도. 그늘은 시원한데 너무 건조해 5분마다 물 넘김으로 목청보호에 신경 쓴다. 해안가 절벽 위에 도착. 웅장한 바위 위에 하마 뼈 같기도 하고 해골 투구 같기도 한 바위에 도착했다. 자연의 신비에 감탄해본다. 주변은 한라산과 같이 눈보라에 누운 낮은 나무 군락지이다. 수십 킬로미터로 이어진다. 장관이다.

해안 절벽 위에서 내려다보니, 제주 용암굴 같은 곳이 들판 아래 숨어 있다. 바다사자와 물개들이 동굴 속에서 쉬고 있다.

기암 괴석

중세기사 투구바위

바위 절벽

애들레이드 4박 5일 여정을 마치고 5백만 이상이 사는 세계적인 도시 시드니로 날아간다.

시드니*Sydney*

오페라 하우스

오페라 하우스 앞 노천카페

외항에서 본 도시 빌딩

호주를 대표하는 도시다. 오페라 하우스와 하버 브리지, 개척 시대의 모습을 간직한 록스 지역의 오래된 골목과 노천카페, 곳곳에서 열리는 거리 공연이 풍성한 여유와 낭만의 약 500만 명의 도시다. 아름다운 야경 달링하버와 남반구 최대의 환락가 킹스 크로스, 태평양의 하얀 파도가 부서지는 서핑의 본고장 본다이 비치가 있다.

2017. 12. 13. 수

15일째, 시드니 1일 차, 아침 23도. 17시 35도. 본격적인 여름이다. 습도가 조금 높아졌다.

시드니는 한국 여행자 분들이 필수적으로 들르는 도시로 딱히 설명이 필요 없을 것 같다.

현대 도시와 150년 전 영국문화의 건축물이 조화롭게 대형화되어 있고, 문양이 화려하다는 점이 지금까지의 도시들과 다른 점들이다.

시드니 대표 본다이 해변

외항에서 석양

시드니 야경

2017. 12. 14. 목

17일째, 시드니 3일 차. 교외로 100㎞ 정도에 있는 블루마운틴을 투어한다. 울창한 나무 숲속에 드러난 바위들 예전 석탄 광산을 관광지로 새롭게 변화시켜 많은 관광자원으로 활용한다. 절벽을 내려가는 케이블카. 석탄 갱도를 따라 오르는 석탄 화물차를 개조한 열차 절경을 통과한다. 호주에서 유일한 2천 m 가까운 산 도보여행으로 유명하고 조난 사고가 가끔 일어난다는 가이드 설명이다.

시드니 북서부 외곽 2시간 캥거루 코알라 농장으로 간다. Blacktown이라고 마을 표지판이 있다. 기온을 확인하니, 15시 30분 41도다. 가이드 대구 분지처럼 생긴 지형이란다. 대단한 기온이다.

블루마운틴 7형재봉

너른바위 끝자락

오후 6시 시드니에서 가장 아름다운 성당과 이민 와 있는 17년 직장 후배 '동길' 아우님을 만났다.

아우의 지인이 운영하는 일식집에서 맛있는 식사로 저녁을 먹고 숙소로 돌아왔다. 사케 한 병을 다 마셨다. 즐겁고 고마웠어요. 아우님!

호주에서 제일 아름다운 세인트메리 대성당

이민 와 있는 후배님과

2017. 12. 15. 금

18일째, 시드니 4일 차. 시드니교외 400㎞ 정도 '포트스테판' 지역을 투어한다. 돌고래 찾아보기, 해안 사막 언덕 보드타기, 주변 와인공장 와인 테스트 코스를 거친다. 훼리 선착장에 도착하니 요트 계류장엔 가득 요트들이 있다. 부자들의 별장지대 답다. 30분 항구에서 나가 대기하니, 돌고래가 5마리 정도 나타난다. 10분간 인사 나누고 사라진다. 한 시간 이동. 해안 모래언덕 보드타기 투어 종료. 18시 30분, 호주 한 달간 스케줄을 짜 준 호주 현지인 여행사 담당 나현 님을 만났다. 반갑고 고맙다. 안전 그리고 즐거움이 함께하도록 도와주시는 분이다. 저녁을 한인식 당에서 대접해주었다. 내가 사 준다고 했는데 나현 님이 지불하였다. 오랜만에 찌개 국물로 맛있게 저녁을 먹은 후 시드니 타워에 올라 도시야경을 감상하고 한 번 더 오페라하우스로 와 하버 브리지를 바라보면서 활기 넘치는 시드니 젊은 인파 속에서 낭만을 가져 보았다. 투어보다 더 좋은 저녁 시간이 되었다.

호주에서의 한 달 일정을 짜 준
시드니 여행사 직원님

2017. 12. 16. 토

19일째, 시드니 5일 차. 오늘은 투어 일정 없는 날이다. 26년 전 이민을 와서 한인사회에 많은 일을 하는 초등, 고등학교 친구 영진이가 하루 일정을 책임지겠다고 재규어 차량을 운전 호텔로 찾아왔다.

이 친구는 '한국의 강남'이라 불리는 하버 브리지 북쪽 마을 체스우드라는 곳에 거주하고, 그곳 중심가의 회계사로 회계사 사무실을 운영한다. 일반 관광객이 쉽게 가기 어려운 북쪽 지역을 두루 함께하면서 유명연예인들이 거주하던 팜비치 해변. 영화 '빠삐용' 탈출 시 뛰어내린 절벽 등 멋진 해변을 걸어보고 맛있는 식사를 대접받았다. 즐거운 여행에 감동을 더한 하루였다. 이국만리 타국에서 성실과 신뢰를 바탕으로 성공한 친구를 진심으로 축하한다. 너무 감동받은 하루였다. 서로 건강하고 다시 만날 날을 기다려본다!

시드니 거주 친구와 함께

2017. 12. 17. 일

20일째, 시드니 6일 차. 100㎞ 외곽, 흔히 울릉공(원주민언어: 파도의 소리)이라고 부르는 스텐힐 파크 발드빌 행그라이더 활공 장소, 자연 경관이 아름다운 지역 해변 등을 투어한다. 구불구불 해안가 도로의 아름다운 해변 길을 건너 작은마을을 지난다.

용암이 흘러내린 제주도처럼 용암바위 비슷한 바위 사이 구멍으로 파도 압력이 최고 60m까지 오른다는데, 오늘은 잔잔한 파도 때문에 10m 정도 솟아오른다. 마을로 내려오니 벼룩시장 같은 장터가 열렸다. 정감 있는 풍경이다.

울릉공 마을 벼룩시장

가볍게 시내 마지막 워킹 투어를 한다. 하이드 파크를 중심으로 한 옛날 시청 건물을 본다. 그 옆 100년이 넘는 역사를 가진 오케스트라 메인홀에서 연주가 마치자 할아버지, 할머니 등 많은 관객이 나온다. 옛 건물과 고급 백화점. 중국 관광객들이 시계, 보석, 가방, 화장품 상가에 가득 모여있다. 시드니 마지막 일정에 하버 브리지 풍경 등을 담아본다. 아름다운 시드니 일정을 마치고 이탈리아 식당에서 피자와 파스타로 저녁 식사를 한다. 내일은 붉은 바윗덩어리인 호주 그랜드캐니언의 황량한 사막을 체험하기 위해 비행기로 호주 국토의 중앙부근, (환경이 최악조건인) 아웃백(Outback)으로 날아간다.

시드니타워에서 보는 야경

시드니 하버 브릿지

하이드파크 전쟁기념관 야경

울루루 *Uluru*

아웃백(Outback)이라 불리는 호주 내륙 중심부. 환경이 악조건인 지역으로 볼거리는 단연 울루루이다. 세계에서 가장 큰 바위(둘레 9.4㎞, 높이 335㎙)로, 유네스코 세계문화유산으로 등록되어 있다.

황량한 사막 같은 울루루 가는 땅

2017. 12. 18. 월

21일째, 울루루(Ayers Rock) 1일 차. 시드니 항구 앞에 떠 있는 작은 섬들, 그 사이를 드나드는 배들, 그리고 모여 있는 빌딩 모습이 바둑판처럼 잘 계획된 도로를 따라 주택들과 잘 어울리면서 국제적인 도시의 면모를 자랑한다. 기온 23도다. 한 시간을 구름 위로 가더니 구름이 없는 하늘 아래 땅들이 보인다. 그런데 초록빛 드넓은 모습이 없어지고 갑자기 땅 색이 회색으로 변하고, 군데군데 물길이 지나가는 강줄기 모습이 뱀처럼 나타나고, 그 주변에 작은 호수들이 있었던 형태가 남아있는 메마르고 황량한 사막지대가 나타난다.

가끔 영화에서 보는 화성 땅 같다는 생각인데, 조금 후 회색 땅이 없어지고 붉은 땅 모습이 나타나며, 조금 전처럼 마른 호수의 모습과 마른 강줄기 모습이 나타난다. 원시림 초록 물결이 다 사라져 버렸다. 놀라운 광경이다. 비행기 안에서 셔터를 눌러본다. 붉은 땅으로 변한 황량한 사막 같은 땅 위를 2시간가량 가는데, 군데군데 물이 모여있는 현상이 보인다. 한참을 관찰하니 점점이 떠 있는 뭉게구름 그림자였다. 대단한 것을 알아냈다. 무려 3시간을 쉬지도 않고 3,000㎞ 이상 날아와서 내리는 비행장. 황량한 황토 벌판, 주변에 집 한 채 보이지 않는다.

비행장은 사막에 지어 놓은 휴게소 같다. 오르내리는 트랩을 사람이 밀어서 대어준다.

Ayers Rock 투어를 한다.

붉은 사암 덩어리, 공룡 손바닥, 아기 태반 모양 등 움푹 파인 곳이 다양한 문양을 하고 있으니 신비롭다. 옛적 원주민의 그림, 글자들이 바위에 남아 있다. 신비스럽고 자연의 작품으로 걸작이라 칭해본다. 옥황상제님이 변이 마려워 메주 같은 변을 누어 떨어뜨렸나? 누가 무슨 재주로 이렇게 거대한 바윗덩어리를 만들었나? 발아래 걷는 길에 부서져 있는 콩알만 한 자갈돌이 바위와 같은 것이라는데, 자석을 문지르니 주르륵 달라붙는다. 철성분이 많은 바위라고 한다. 중간 부분 바위 계곡에 물이 있다. 아침저녁 온도 차에 따른 물방울이 고여 있나 보다.

온도 48도. 쨍하는 햇볕이 살을 찌른다.

19시 38분. 투어 종료 전 투어회사에서 바위 아래에 와인과 야채를 준비하여 야외 파티 기분을 느끼게 만들어 주었다. 해 질 녁 모습까지 색상이 변화하는 바위를 뒤로 하고 호텔로 돌아왔다. 저녁은 호텔(단층 야외단체 숙박 건물 형태) 야외식당에서 해결한다. 스테이크를 구입하여 본인이 구워서 먹는 장소다. 여행객 모두 야외 파티에 온 것 같은 분위기다. 여기는 음식값과 숙박료가 호주에서 최고로 비싼 곳이다. 고기 패티 없는 야채버거가 우리 돈 1만8천 원, 스테이크가 6만 원이다. 직접 구운 스테이크와 맥주 한 잔으로 하루를 마감한다.

울루루 비행장

붉은 바위 앞에서

스테이크 굽기

2017. 12. 19. 화

22일째, 울루루 2일 차 새벽 4시. 투어 차량에 6명이 탑승해 오늘 함께한다. 별이 초롱한 밤길을 달린다. 잠들었다 깨어났다 반복하면서 달리는데 길가 모습은 변하는 게 없다. 띄엄띄엄 서 있는 나무들, 모래사막 사이 작은 나무들, 고사목 군락, 그 주변 잡초만 있다.

2시간 후 가이드가 뭐라 하여 눈떠보니 장엄한 태양이 떠오른다. 아주 가까이 있다. 또 달린다. 장장 4시간을 달려 처음 보는 길가 농장에 도착. 아침으로 토스트 프라이 둘, 베이컨 2쪽, 소세지 하나, 토스트 빵 2쪽을 먹고 커피를 한 잔하니 든든하다. 필수조건인 물 2리터짜리를 1인 1병씩 준비하란다. 1병에 6천5백 원한다. 하기야 울루루 마을에서 400㎞나 떨어진 곳에 있는 유일한 농장 겸 휴게소이니 비쌀 수 밖에. 40분을 더 달려 도착한 곳, 안내에는 '미국 그랜드 캐니언'을 닮았다고 하나, 조금 적은 '킹스 캐니언'에 도착한다. 가이드가 한 번 더 물병 챙기는 것을 확인하고 제일 짧은 6㎞, 3시간 코스를 간다. 한국에서는 보지 못한 대단한 규모의 황토색 시루떡 바위들. 둥글게 뭉친 바위들, 아니 화산 암석은 절벽을 이루고 계곡을 넘으면서 자연의 위대함에 감탄한다. 오묘한 모습들이다. 계곡 아래에 물웅덩이 사이에서 자라나는 나무들도 그렇다. 구름 한 점 없다. 팔의 피부가 따갑고 얼굴은 복사열로 볼이 익는 듯하다. 태양 아래 11시 42도. 처음 경험해 보는 작열하는 태양 아래 바위산을 오르는데, 10분에 물 한 모금씩을 먹어야 한다. 목이 탄다. 가이드 왜 1인당 2리터 물통을 확인하는지 이유를 알았다.

6㎞, 3시간 동안 바위산을 오르락내리락 하니 둘이서 4리터 물을 다 먹었다. 작열하는 태양 아래 땀이 줄줄 흐르는데 끈적거리지 않는다. 반가운 나무 그늘 아래 서면 시원하다. 흔히들 사막이 그렇다 하던데 여기가 그런가 보다. 습도가 없는 메마른 날씨로 물을 마시지 않으면 목이 따갑고 마른기침이 계속 난다. 힘들게 3시간 산행을 마치니 12시다.

킹스 캐니언 계곡

유일하게 존재하는 아웃백 오아시스란 상호의 휴게소 같은 상점과 레스토랑 주유소 1개가 있다. 점심으로 피자 한 판, 콜

물이 말라버린 호수 소금바닥으로 변했다

라 한 병을 맛있게 뚝딱 처리한다. 현지인 식사가 입에 맞고 든든하다. 조금 짜지만 않으면 더 좋은데… 그래서 주문할 때 꼭 '소금 조금(Less salt please or salt small)'이라고 주문하면 끄덕인다. 4시간 이상 달려 호텔로 돌아간다.

아침처럼 변함없는 주변 풍경. 지평선 끝이 보이질 않는다. 사방을 둘러봐도 달리는 앞을 봐도 변화 없는 풍경. 질리고 겁난다고 해야 할까 보다. 너무 넓다. 500㎞를 버스로 달려간다니 상상이 힘들다. 시드니에서 3,000㎞ 이상, 울루루에서 500㎞ 오니. 그것도 풀 나무 한 포기 제대로 자라지 못하는 조금 높은 계곡언덕 평평한 돌 바위산 '킹스 캐니언'이란 걸 만났으니.

돌아가는 길 저 멀리 어제 본 붉은 바윗덩어리가 희미하게 보인다. 황량한 들판에 호주 전통모자인 둥근 챙 모자를 벗어 놓은 모습이다. 주차한 곳에 간이 화장실이 있다. 반대편 언덕에 가이드가 가보란다. 드넓은 호수가 있는 자리인데 물은 없고 소금기 사막이 되었다고 한다. 영화 등에서 사막을 다니는 사람들이 왜 천으로 얼굴과 몸을 두르는지 알겠다. 15시 30분, 가이드가 52도라 한다. 52도? 한국은 영하 13도라 하니, 갸우뚱한다. 모자를 쓰고 잠시 나가도 머리가 띵하다. 얼굴이 뜨거워 사진 몇 장 찍고 얼른 차에 오른다. 황토 모래가 뜨거워서 한 움큼 쥐기 힘들다. 얼굴이 복사열로 화끈거린다. 대단하다는 말 이외 표현 방법이 없다. 기사님 또 달린다. 지평선 끝이 어디쯤인지 확인하려나?

2017. 12 .20. 수

23일째, 울루루 3일 차. 새벽 4시 40분 투어 차량에 오른다. 한국에서 보던? 많은 모양의 별자리와 은하수가 새벽 호주 아웃백의 하늘을 장식한다. 그런데 북두칠성은 보이질 않네? 못 찾은 건가? 새벽 5시 40분부터 여명이 밝아오면서 어제 땡볕에서 보았던 Ayers rock의 일출 모습을 보기 위하여 도착한다. 잠시 후 지평선 위로 떠오르는 태양 한국 태양보다 뜨겁다. 붉은 바위를 변화시켜 준다. 모닝커피로 감상하고, 시드니 경유 케언스 행 비행기 탑승을 위해 3일 간 호주 아웃백 체험했다. 드넓은 곳에 낙타가 돌아다니고, 말들이 자동차 길 위를 어슬렁거리는 등 잊지 못할 추억을 가지고 떠난다.

호텔을 떠나면서 3일 동안 가이드겸 기사님과

케언스*Cairns*

15만여 명의 중소도시로 낙농제품·설탕·옥수수·과일·담배·땅콩을 생산하고, 주석 채광업 및 항만사업과 호주 최대의 산호초 '그레이트배리어리프'가 있어 관광지로 유명하다.

2017. 12. 21. 목

24일째, 케언스 1일 차. 한국인 가이드와 함께한다. 주변 풍경이 낯설지 않다. 야자나무 가로수를 빼면 아담한 작은 도시 모양이다. 시야에 중간급 산이 보이는데 저곳이 호주 북부 1,000m 이상 이어지는 '쿠란다 산맥'이라 한다. 세계자연 유산으로 등록된 국립공원이며 코알라 캥거루 화석조 들이 거의 원조라는 곳이라고 하며, 코알라 음식 나무 '유칼립투스'가 풍부하며 산을 굽이쳐 오르는데 흡사 강원도 미시령 고개 넘어가는 풍경과 흡사함이 정겹다. 나무 수종이 어디서 본 것 같은데 하니 가이드가 영화 아바타를 말한다. 거의 이곳에서 촬영된 장소라 한다. 원시림 상태로 나무 위에서 아래로 뿌리가 머리카락처럼 내려온 나무들이 무수히 많이 있다. 쟈추카이 원주민 마을에서 부메랑 던지기 민속공연을 관람하였다. 조금 지나 팜 그릴라 농원을 방문 코알라 캥거루 관람 후 100년 전 2차 세계대전에서 사용한 수륙양륙용 차량을 개조 관광객을

팜그릴라 농원 원시림 계곡

세계에서 가장 긴 7.5㎞ 케이블카 승차장

쿠란다산 울창한 원시림

위한 차량으로 사용한다. 여성 운전자가 터프하게 시동 후 원시림으로 돌진 멋진 풍경을 제공한다. 감동이다.

다시 이동. 쿠란다 산맥 중앙부 세계자연유산으로 등재된 국립공원 Sky rall에 도착. 7년에 걸쳐 자연상태를 보존하면서 완성시킨 세계에서 가장 긴 7.5㎞ 케이블카를 탄다. 총 1시간 30분가량 소요된다. 가장 오래된 열대 우림지역을 위에서 내려보는데 어디서 본 듯하다. 가이드 말하길 영화 '아바타'의 기본 배경을 잡고 실제 촬영을 한 곳이란다.

케이블카 공중에서 내려다보는 모습이 너무 감동이다. 투어를 마치고 시내 워킹 해변가 등 두루 둘러보고 작은 도시에 좋은 주변 경관이 있어 관광객이 참 많이 보인다. 중국은 가족 단위, 일본은 젊은 커플이 많고, 한국은 신혼부부와 젊은이들이 가끔 보이는 케언스. 하루를 마감해본다.

2017. 12. 22. 금

25일째, 케언스 2일 차. 항구에 모여 크루즈에 올라 1시간 30분 정도 바다로 나가 산호초 섬 '그레이트배리어리프'를 체험한다. 산호초의 환상적인 풍경을 보여주는 섬에 도착한다. 스쿠버를 할 텐데 전문 강사가 가이드하니 걱정하지 말라 한다. 믿고 신청하였다. 기대된다. 안전교육을 받는다. 물에 들어간다. 수압에 귀가 쨍한다. 배운 대로 코를 쥐고 숨쉬기 몇 번, 수심 15m 정도 환상의 산호초 군락지에 커다란 물고기가 눈앞에서 얼쩡거린다. 숨쉬기가 쉬워진다. 재미있다.

착용한 오리발을 저어보니 신기하게 물속에서 잘 간다. 이런 모습을 보려고 만 리 먼 길을 왔나보다. 한국의 반포 세빛섬처럼 바다 가운데 인공구조물을 띄워 놓고 선착장으로 사용하고 작은 배들이 산호초 섬으로 들락거린다. 케언스에 많은 관광객이 온다.

선상에서 마주 앉은 분들 인사하니, 이탈리아에서 왔는데 부부와 아들이 시드니 거주하며, 30살 정도 청년이 크리스마스라고 부모님을 초청하였단다. 장한 청년이라고 하며 축구 이야기를 하다가 2002년 월드컵 때 이탈리아가 한국에 졌다고 이야기하면서 웃었다. 자기는 에드밀란 팬이고 부모님은 다른 팀 팬이라고 다툰다. 하선할 때 함께 사진 찍고 서울 오라 하니 오케이 한다. 반가운 여행객의 만남. 한국 가족들, 청년, 아가씨들도 20여 명 정도 있는데 눈길도 잘 주질 않는다. 반가움 인사를 해도 '뭐지?' 하는 표정들이 대다수다. 산호초 섬에 스쿠버를 하였지만, 물속 풍경은 내 눈과 가슴속에만 담아 넣고 왔다.

이탈리아 가족과 함께

2017. 12. 23. 토

26일째, 케언스 3일 차. 1시간 달려 드넓은 초록 들판에 열기구를 데우는 풍경이 들어온다. 안전사항을 한국어, 중국어, 일본어, 영어로 나누어준다. 이역만리에 한글로 된 안전유의사항 안내판을 본다. 10여 분간 가스통에서 푯~ 푯~ 강열하게 화염 방사기처럼 뿜어대니, 금세 노랑과 빨강 풍선이 부풀어 오른다. 최종 안전수칙을 연습한다. 열기구 1대 바구니에 열 명씩 두 줄로 태운다. 예전 짚으로 만든 계란 꾸러미 담듯이 5명씩 두 줄, 푸슛~ 푹욱~~ 화염을 뿜으니 목덜미가 화끈거린다.

얼굴을 들고 올려보니 화끈거려서 얼른 고개 돌린다. 챙 넓은 모자가 제격이다. 두둥실 떠오른다. 아침 태양이 뜨기 전 안개 같은 엷은 연무가 조금 있다. 문득 '80일의 세계 일주'라는 예전 영화가 생각난다. 애드벌룬으로 세계 일주를 한 내용을 소개한 영화인 것 같다.

새처럼 날지 못하는 인간이 열기구를 이용하여 하늘을 날아보고 아래를 내려보니 비행기 차창으로 보는 세상과는 전혀 다른, 여의도 63빌딩을 '3D' 입체 영화고 보는 것과 같다. 이 또한 '여행 시에는 꼭 타보는 것이 정답이겠구나!' 하는 생각이 든다. 헬기보다 느낌이 적고 아슬아슬 비행사 곡예를 부리는데, 나무 위를 스윽 스치며 지날 때는 모두 '으윽' 하는 느낌이다. 지나면서 발아래 펼쳐지는 나뭇가지 흔들림 소리에 놀라 도망치는 캥거루 가족들 모두가 입체영상으로 보여 만족감이 대단하다. 태양이 떠오르고 둥실 높이 오르기도 하고 바람 따라 유유히 흐르는데, 아래에 보이는 정리가 잘된 경작지, 망고나무 과수원과 목장, 자연상태의 나무군락 무엇 하나 버리지 못할 풍경들에 감탄해 본다. 축복받은 나라, 땅 그리고 모든 자연이 부럽다. 30분가량 하늘을 날고 잡초 무성한 공터에 스윽 내린다. 감동의 여운을 남기고 에드벌룬 타기 종료.

에드벌룬 타기

2017. 12. 24. 일

27일째, 케언스 4일 차. 아침 날씨 28도. 한국의 8월과 같이 장마가 지나간 뒤 뭉게구름이 떠 있는 하늘이다. 마지막 케언스 시내와 해변가 모습을 담아두고, 작은 시골 마을 거리에 넘쳐나는 관광객들, 현지 인구보다 관광객이 많은 케언스 시내를 뒤로 하고 마지막 여행지인 브리지번으로 향한다.

케언스 시내 야경

동부 최북단에서 동부 해안선을 따라 2시간을 날아간다. 목장지대 산림이 함께 하는 초록의 대평원 지대를 2,000㎞ 이상의 브리지번으로 간다.

브리즈번*Brisbane*

250만여 명으로 호주에서 3번째로 큰 도시다.

국립 공원과 아열대성 기후로 1년에 맑은 날이 300일 이상 지속하고 깨끗한 이미지를 주는 도시로 매년 많은 관광객을 불러 모으고 있다. 여동생의 아들이 결혼해서 이곳에 거주한다. 아기가 탄생한지 2개월째, 보물이 따로 없다.

여동생과 조카 가족

2017. 12. 25. 월

28일째, 브리지번 2일 차. 1시간 30분 정도 남쪽 해안가를 달려 도착한 곳 '바이런 베이'. 멋진 바닷가 별장지대다. 포항의 호미곶처럼 툭 튀어나온 곳에 등대와 아름다운 절벽 해안가 비치 모두가 고급 휴양지 같다. 주택이 즐비하다. 정상 휴게소 아이스크림이 유명하다는데 사 먹어본다. 별장지대여서 더 맛있나? 밀려드는 여행 차량으로 주차는 못 한다.

바이런 베이 등대

골드코스트Goldcoast

골드코스트 전망대에서

브리즈번에서 1시간 거리 해변으로, 아름다운 금빛 해변은 70㎞ 정도 이어진다. 약 20개가 넘는 서핑 비치가 있다. 가장 번화한 곳은 서퍼스 파라다이스로 수영 서핑 등의 레포츠를 즐길 수 있다.

2017. 12. 26. 화

29일째, 브리지먼 3일 차. 어제저녁 도착한 '골드코스트'. 그냥 바닷가 모래사장 앞에 부산 해운대처럼 초고층 빌딩이 있는 휴양도시로 생각하였다. 아침으로 케밥을 3개 시켜 콜라와

골드코스트 중심 상가, 젊은이의 거리

SURFERS CENTURY

함께 뚝딱 처리하고 바닷가로 간다. 너무 부드럽고 밀가루처럼 흰 모래다. 조개껍데기가 부서져 모래와 함께 섞여 있다 한다.

태평양 바닷가로 뛰어 들어가 본다. 이역만리 해변에서 물놀이 하다니. 감격스럽다. 물에서 보는 풍경에 초고층 빌딩들이 키 높이를 자랑하는 모습이 보인다. 일본인들이 투자하여 최신 바닷가 도시를 만들었는데, IMF 때 손 털고 나갔다고 한다. 호주기업들에게 거저 주었다고 소개한다. 그냥 바닷가 인공도시의 멋인 줄로 알았는데. 물놀이 끝내고 78층 전망대에서 보니 전혀 다른 모습이 들어온다.

와! 해변 쪽은 초고층 빌딩, 뒤에는 리아스식 해안으로 인공 호수처럼 만들어진 바다, 수로길 주변 고급주택들, 요트 그 뒤에 병풍처럼 둘러 쳐진 1,000㎜ 정도 산이 도시 뒤에 있다. 인구 50만 정도라는데 그렇게 느껴지지를 않는다. 감탄사가 저절로 나오는 아름다운 해변 휴양도시다.

2017. 12. 27. 수

30일째, 브리지먼 4일 차. 19도, 좋은 아침 날씨다.

브리지 번에서 1시간 정도 배를 타고 세계에서 3번째로 큰 '탕갈루마 모래섬'이란 국립 공원에 도착. 하선 브리지 모래사장에 차량 사람들 모두 내린다. 고운 모래 해변이 대략 5㎞ 이상은 되겠다. 모래사장 앞에 고물로 처리된 폐 철선을 가라앉혀 물고기들의 어장으로 사용한다. 느낌이 남다르다. 오전은 스노클링으로 폐선 부근 어장에 형형 색상의 고기들과 한참 놀다 나오고, 카약을 잠시 배워 투명 카약 2인승으로 물고기들 감상에 나섰다. 20m 이상 앞까지 어른 키 정도 깊이 모래 바닥이 있고 너무 맑은 바닷물 물가가 있어 놀기가 너무 좋은 곳이다. 오후에는 대형 4륜 버스에 올라 해변 뒤 원시림으로 롤러코스터처럼 다닌다. 사파리 투어란다. 국립 공원이어서 전부 보호구역인데, 일정 부분 차량 길을 터놓고 비포장길을 여행하게 한다. 비포장길 자체가 모래 바닥이다. 근데 해변 뒤로는 울창한 원시림이 자라고 언제 불이 났는지 거대한 고목들이 불타서 넘어진 모습들이 장관이다. 그사이에 새로 자란 큰 나무들이 엉켜 자라고 있다. 원시림 투어를 1시간 정도 하고 사막화로 변하는 모래 언덕과 광장이 나타난다. 그곳에서 모래 썰매 탄다. 따가운 햇볕에 옷을 입고 물에 들어간다. 모래찜질도 하고, 오전 일찍 나선 피로를 해변에서 풀려고 잠시 낮잠도 잔다. 즐거운 모래섬 투어를 마치고 시내로 돌아온다. 조카의 마중으로 집에 돌아와 여동생이 준비한 맛있는 한국식 저녁을 즐긴다. 모두 함께 나의 여행일기를 들으며 하루를 마감한다.

탕갈루마 모래섬 해변

탕갈루마 모래섬 공원

2017. 12. 28. 목

31일째, 호주 여정 '브리지번' 5일 차. 호주 여정의 마침을 하는 날 브리지먼 시내에 도착해 여유롭게 시내 워킹 투어를 나선다. 호주는 어느 도시를 가든 영국풍 오래된 건물과 현대 도시 건물의 조화를 이루고 있다. 시청 중심지구와 강변을 끼고 너무 잘 가꾸어진 영국 왕의 '포타닉가든 식물원'이 함께한다.

강변을 다니는 크루즈 선박을 이용, 남·북으로 2시간 30분을 다니면서 브리지번의 도심을 멋지게 감상한다. 강 건너 회전 관람차를 이용해 도심과 주변을 볼 수 있고, 저녁은 괜찮은 레스토랑에서 식사를 마치고 가족들과 정담을 나눈다. 조카 부부가 우리 부부를 위해 애써주었는데… 아름다운 편지를 전해준다. 사랑한다. 조카 부부야! 그리고 여동생 고맙고 반가웠다. 정말 행복하고 가슴 뿌듯한 여정을 아련히 떠올려 보면서 미지의 대륙, 축복받은 호주 대륙을 추억으로 가득 담아 놓고 한 달 여정을 마감한다. 뉴질랜드로 간다.

호주 한 달 여행경비 정리

인천 출발 및 호주 국내선 비행기 8회 탑승
숙박, 식사, 일반 여행경비
1천 7백만 원 지출됨

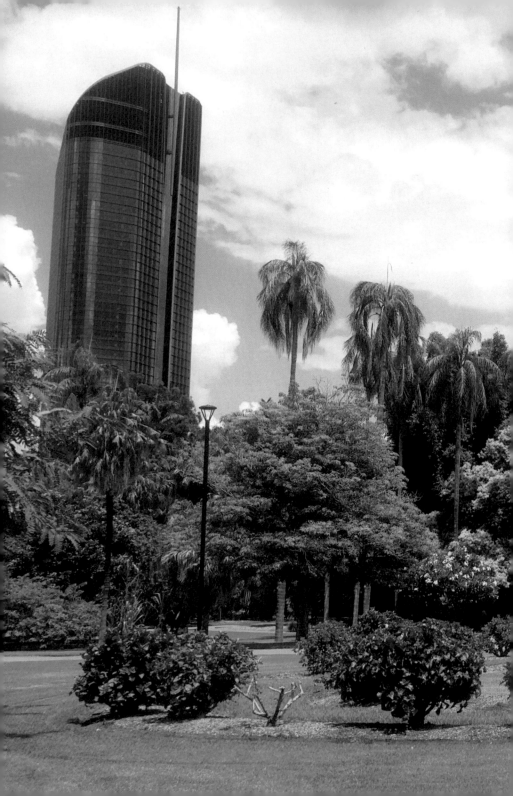

보타닉가든과 뒤편 빌딩

해변을 누빈다 도시 빌딩

해변 빌딩 모습

조카의 집

02

양 떼 가득한 곳간을 열고

NEW ZEALAND

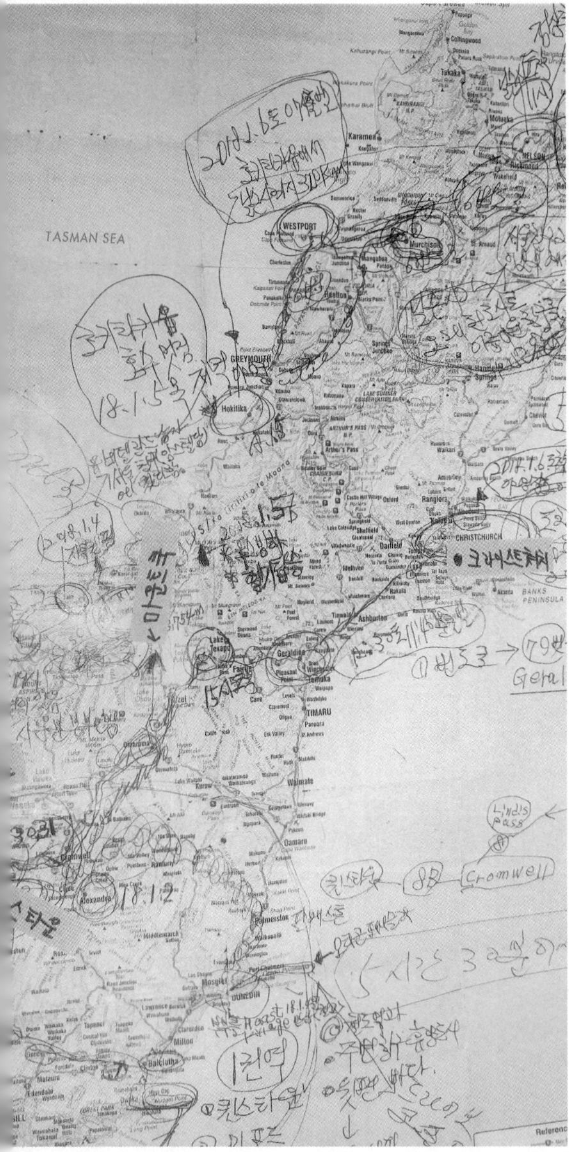

크라이스트처치

Christchurch

인구 37만여 명, 뉴질랜드에서 2번째로 큰 도시이다. 공원과 공공 정원, 기타 휴양지가 곳곳에 많다. 교육의 중심지로 링컨 대학·크라이스트 대학·캔터베리 대학 등이 있다. 조용하고 평온한 도시다.

뉴질랜드

(New Zealand)

남한 면적의 3배 정도 크기의 470만 명 인구보다 양·말·소가 몇 배나 많은 나라. 빙하와 호수 원시 자연이 존재하는 지구 남반구 먼 나라.

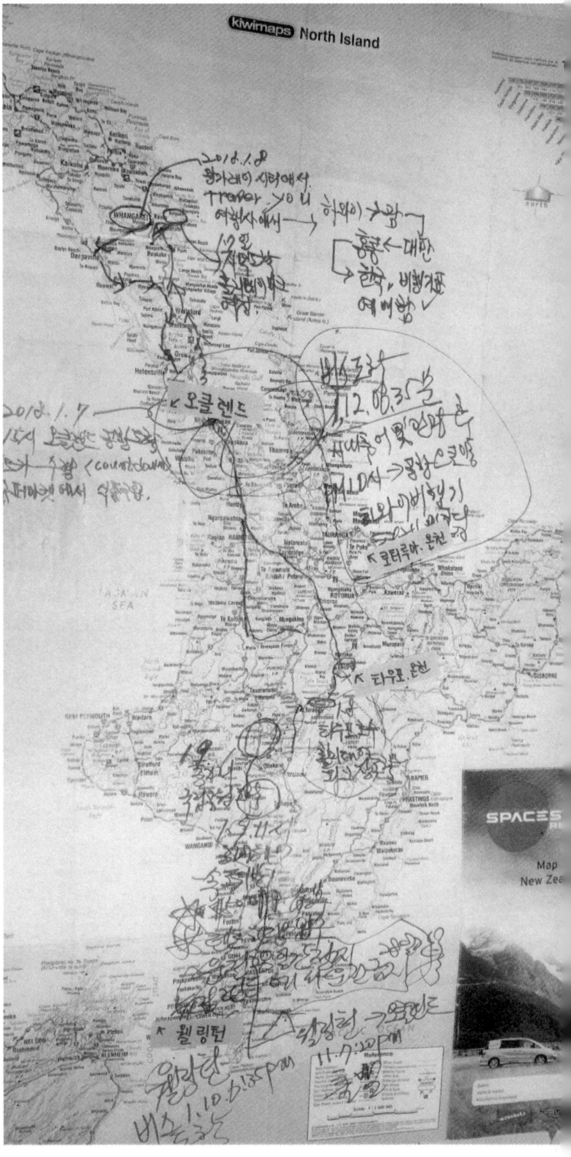

뉴질랜드 남·북섬

2017. 12. 30. 토

아내의 회갑기념을 위해 온 여행 33일째로 크라이스트처치 1일 차. 시내 '리카톤 부시 공원'을 둘러본다. 150년 전 이곳에 정착한 가족의 작은 저택과 원시림 공원이 잘 보전된 곳으로 시에 기탁한 공원이다.

리카톤부시 공원의 저택

시내 중심 성당

도시 순환 전차

크라이스트처치 도심

퀸스타운 *Queenstown*

인구 1만5천 명 소도시로 만년설이 녹은 '와카티푸호'(Wakatipu Lake) 기슭에 있으며 산으로 둘러싸인 아름다운 경관이 있는 뉴질랜드 대표 관광명소다.

퀸스타운으로 오는 동안 주변은 끝없는 소·말·양들의 목장이 펼쳐지고 산들은 이상하게 나무 한 그루, 풀 한 포기 없는 벌거숭이 민둥산이 나타난다. 한여름인 이곳에 중간 지점은 아직도 만년설이 덮인 산이 있다. 푸른 호수에서 즐기는 보트들과 너무 다른 풍경이다. 퀸스타운이 남극과 가까운 곳이라 저녁 9시 30분이 넘어야 해가 진다. 이상하다.

퀸스타운 빙하호수 유람선 한국 관광객과

2017. 12. 31. 일

34일째, 퀸스타운 2일 차. 젊은이들의 천국이라고 말하던데 과연 젊은이들로 작은 도시가 들썩인다. 유명한 햄버거집 앞은 젊은이들이 백여 명이 기다린다. 골목과 카페 들어설 자리가 없을 정도다.

한 해를 보내는 마지막 날. 호텔, 모텔 모든 방이 만석이다. 눈이 녹은 옥빛 호수를 100년 전 증기선으로 석탄을 사용해 빙하호수를 왕복한다. 호수 양쪽 높은 산에서 만년설이 녹아내린다.

'밀퍼드사운드'로 간다. 뉴질랜드 땅은 넓고 목장도 많다. 4시간을 달려도 대평원에 농부는 없고 양·소·말들만이 여유롭다. 6시간을 달려온 밀퍼드 50㎞ 전방 캠핑장에서 캐나다에서 온 젊은이들과 31일 밤을 함께한다. 뉴질랜드 밤하늘, 은하수가 내리는 원시림 숲속에서 한 해를 아내와 함께 캠핑카에서 마감해본다. 2017년 31일 마지막 밤. Happy New Year를 기다리면서.

햄버거집

캐나다 청년들과 원시림 캠핑장 저녁

캐나다 청년들과

밀퍼드 사운드

태즈먼해에서 15㎞ 내륙까지 계속되고 있으며, 1,200m 이상의 절벽으로 둘러싸여 있고 울창한 우림이 절벽에 자라고 있으며 바다에는 바다표범, 펭귄, 돌고래 등이 출현한다. 피오르드랜드는 한때 고래잡이와 바다표범 사냥의 거점이었다.

2018년 1월 1일. 아침 햇살을 받은 만년 설산

2018. 01. 01. 월

35일째, '밀퍼드사운드' 원시림 속 캠핑 장에서 맞이하는 새해 아침. 1,500m 이상 맞은편 산 정상으로 붉은 태양이 떠오른다. 여행 간 무탈하길 빌어 본다.

세계자연유산 국립공원이다. 절벽을 쳐다보기 어려울 정도다. 장관이라는 말로 대신한다. 거대한 빙하 폭포수와 수백 미터 절벽이 관광객을 불러 모은다.

밀퍼드를 떠나 동쪽 해안 '갠누트 포인트'에 정말 남극 펭귄 몇 마리가 해질 무렵 해변 모래사장으로 올라온다. 신기한 녀석들이다.

밀포드 사운드 절벽과 피오르 계곡

밀퍼드 계곡 관광을 마치고 선상 후미에서

휴식하는 물개들

2018. 01. 02. 화

36일째, 동남쪽 인구 13만여 명 '더니든'이라는 중소도시를 방문한다. 해안가에 고급주택들이 가득하다.

남극 파도가 밀려오고, 펭귄과 물범이 올라오고 서핑 최적지라 젊은이들은 서핑 타기에 열정을 다한다. 그 위를 보니 산을 깎아내면서 석탄을 채굴하는 노천 탄광이 있다. 땅바닥을 긁어내면 석탄이 나온단다. 불공평하다. 100년 전에 지은 철도역사가 너무나 아름답게 지어져 있다. 호텔 또는 궁전 같다.

궁전 같은 더니든 철도역사

마운트 쿡 *Mount COOK*

해발 3,724m 산으로 뉴질랜드 최고봉이다. 뉴질랜드의 남섬 남 알프스산맥의 국립 공원이다. 유네스코의 세계자연유산에 등록되어 있다.

2018. 01. 03. 수

37일째, '마운트 쿡'에 도착한다. 초입부터 만년설이 보이고 빙하가 녹아 내린 옥빛 물색을 자랑하는 호수가 너무 아름답다. 산자락 좋은 곳에 호텔과 리조트 몇 곳이 있다. 전부 최고급이다. 4시간 가까이 산책 코스를 올라 마지막 빙하호수와 떠다니는 빙하 조각을 담아두고 어둠이 내리는 밤, 별이 내리는 마운트 쿡 야영장에서 하루를 마감해본다.

마운트쿡 정상 아래 빙하호수 앞

2018. 01. 04. 목

38일째, 7일 차. 어제 마운트 쿡에 도착할 때 길에서 큰 가방을 끌고 둘이서 힘들게 언덕길을 올라가는데, 대략 호텔까지는 200m 정도였다. 너무 힘들어하는 모습에 누군가 차를 세우고 손짓으로 '짐을 내 차에 실어라.' 하니, 고맙다고 영어로 답하는데 한국 청년이다. 저렴하게 야영장을 예약하고 왔는데, 호텔 부근인 줄 알고 가고 있었다. 호텔에 물어보니 반대 방향 3km 산 아래. 캠핑 차량으로 주차장 부근 야영장에 도착, 함께 야영하였다.

마운트 쿡 관광 후 남 알프스산맥을 넘어 서해안으로 간다. '세어서 빌리지' 해안가를 가면서 지구 남단 한국과 다른 원시림 숲이 50여km 넘게 펼쳐진 남 알프스산맥의 서부 해변 모습에 감탄사를 연발하였다. 어김없이 3천m 산 정상에 흰 눈이 있고 2천m 이하 산들은 눈이 녹아 민둥산을 보인다. 이런 높은 산에서 흘러내리는 빙하 물이 내려와 거대한 호수를 이루고 현지인들은 카약과 보트를 가지고 호수로 달려간다.

텐트도 없이 용감하게 온 대학생과

마운트 쿡 캠핑 야영장

서부해안 엄청난 원시림 숲길

캠핑장 석양

2018. 01. 05. 금

39일째, 8일 차. '폭스 글레이' 마을이다. 트레킹 후 빙하 앞에 도착해 녹아내리는 회색 빙하의 눈물을 보니, 9년 전과 14년도 사진에서 빙하가 몇백 미터는 없어졌다. 온난화 현상이란다. 아마도 20년 후에는 정상부근에만 빙하가 있을 것 같은 기분에 조금 안타깝다. 장사꾼들이 선전하는 헬기를 타보았다. 장관이다. 내려다보는 빙하 계곡과 정상부근에 도착해 둘러보는 감동이 헬기 비용을 잊어먹게 한다.

폭스 글레이 빙하 앞

폭스 글레이 빙하 위

2018. 01. 06. 토

40일째, 뉴질랜드 9일 차. 남섬 최북단 5만 명 '넬슨'시는 오래된 도시로 시내 중심 낮은 동산 위에 170년이 된 아름다운 성당이 있다. 중규모로 아름다움과 성스러움을 함께한다. 자원봉사자 할머니의 안내, 할아버지의 피아노 봉사는 관광객들을 더욱 감동하게 한다. 오래된 작은 건물들을 도시 재생사업을 통해 재건축했다. 동화에 나오는 상점들과 같은 모습이 관광객의 발길을 머물게 한다. 2년 전 지진으로 무너진 도로를 복구하는 동해안 국도 1번 도로를 북에서 남으로 560㎞를 달려 크라이스트처치로 돌아온다.

도시 건축이 이쁜 상점

넬슨시 풍경

2018. 01. 07. 일

41일째, 뉴질랜드 10일 차. 크라이스트처치 중심가를 둘러보니, 전차가 다니고 차 없는 거리를 조성하고 청계천처럼 아주 작은 시내가 흐르는데, 나무숲이 오래된 도시임을 보여준다. 개선문처럼 생긴 공원 기념문에 전쟁참전 기록을 새겨놓았는데 한국전쟁 기록이 있다. 오후 공항에서 북섬 오클랜드행 비행기에 오른다.

오클랜드*Oakland*

뉴질랜드 최대도시. 인구 1백60만 오클랜드에 오니 고속도로가 있다. 남섬 모든 도로가 편도 1차선 도로만 있다. (시내를 벗어나면 편도 1차선 제한속도 100㎞이다. 그리고 시내 들어서면 50㎞다.) 렌터카 회사에 차량을 받고 시내를 유람하면서 시장에서 식품을 구매하여 북쪽으로 간다.

북쪽 '황거레이(Whangarei)'는 인구 6만 명의 작은 항구도시 휴양지로 알려져 있다. 요트들이 항구에 가득하다. 이 나라는 가는 곳곳 풍광이 좋은 해안 항구에는 어김없이 요트들이 수백 척씩 모여있다. 오후 4시만 되면 퇴근하여 상점들은 문을 닫고, 길거리에 사람이 안 보이기 시작한다. 부럽다고 해야 하나? 여행자에게는 불편한 나라라는 생각이 든다. 대도시 중심가는 약간 덜한 느낌이지만 그래도 썰렁하다. (호주도 같은 현상이 있었다.) 시내 중심가는 어느 도시를 가더라도 길거리에 테라스 상점들이 모여있고, 사람들이 쇼핑을 즐기고, 식사를 하거나 커피를 마시는 풍경이 너무 익숙하다. 여행사를 발견해 "하와이 표를 구매할 수 있냐?" 하니 오케이 한다. 그간 호주에서 하와이입국 비행기 표만 예약하고 괌, 대만, 홍콩, 한국으로 가는 비행기 표는 일정을 점검해 가면서 사기로 하였으나, 어느 정도 일정이 소화되는 것 같아 앞으로의 일정을 확정하고 비행기 표를 예약하였다. 비행기 요금은 뉴질랜드 화폐로 7,500달러(6백만 원) 나온다. 여사장님이 "괜찮으냐?"고 물어보는 것 같

오클랜드 미술관

오클랜드 시내

오클랜드 타워에서 내려다본 시내

시내 상점가

다. 오케이 하니 함박웃음 엄지 척한다. 이방인이 시골 마을에 와서 코리아 비행기 표도 아니고 이곳저곳 비행기 표를 사겠다며, 선뜻 오케이 하니 신기한가보다. 기분 좋게 사진도 찍고 코리아로 여행 오라 하니 오케이 한다.

여행사 사장님

2018. 01. 08. 월

42일째, 남쪽 타우포호수와 통가리. 국립공원 응가우호에 산(2,290m), 통가리로 산(1,968m)을 비롯해 북섬에서 제일 큰 호수와 주변 울창한 산림 화산이 폭발한 한라산과 비슷한 통가리. 화산산 입구에 도착하여 물어보니 왕복 5시간, 공원 입구 쪽에서는 2시간 걸린다니 등정은 생략하고 사진으로 남기고 산 주변 아래 도로를 드라이브하면서 만년설이 남아있는 국립 공원을 둘러본다. 엄청난 규모의 자연을 보전시키는 이 나라가 조금 부럽기도 하다.

통가리로 화산 산

로터루아 호수

웰링턴*Wellington*

뉴질랜드 수도이며 40만 명이 거주한다. 남섬의 남쪽 끝에 있다. 1865년 중앙정부의 소재지가 오클랜드에서 이 도시로 옮겨졌다.

2018. 01. 10. 수

44일째, 해양박물관 백화점 거리 전쟁기념관 케이블카(케이블카 표는 편도만 살 것. 정상에서 보타닉 가든으로 가는 길로 걸어서 도심 연결됨)를 탄다. 총리집무실 정부청사(100년이 넘은 목조건축물)의 아름다움을 남겨보고 수도 웰링턴 모습을 담아둔다.

웰링턴 철도 버스 종합 터미널

총리집무실　　100년이 넘은 유명한 목조건물 행정부청사

웰링턴 시가 모습

2018. 01. 12. 목

아내의 회갑기념 여행 46일째, 뉴질랜드 15일 여행을 마쳤다. 시티투어 버스로 오클랜드 시내와 외곽을 돌고, 중심의 스카이타워에 올라 아름다운 오클랜드 모습을 담아둔다. 60이 넘어 뉴질랜드에 겁 없이 도착해서 물어물어 도움을 받고 많은 경험과 추억을 담아간다.

안녕! 뉴질랜드.

뉴질랜드 15일 여행경비 정리

호주출발 국외, 국내선 비행기 2회 탑승
숙박, 식사, 일반 여행경비
7백50만 원 지출됨

03

여행자의 휴식처 하와이

HAWAII

하와이*Hawaii*

미국 하와이주로 8개의 주요 섬과 작은 섬들로 구성되며, 온화한 열대기후로 산악지대는 매우 서늘하다. 세계적인 관광지로 발달되었다.

2018. 01. 12. 금

(하와이는 날짜가 변경되어 하루 늦음) 아내의 회갑기념을 위한 여행 47일째, 하와이 1일 차. 오클랜드에서 밤 12시 출발. 7,200㎞ 동북쪽으로 8시간 날아와 하와이 호놀룰루 공항에 도착한다. 2박 3일 골프 여행에 한국인 팀이 모여있다. 택시로 호놀룰루 지도를 보고 약간 외곽 파고다호텔에 가자 하여 도착하니 한인촌 거리였다. 호텔 예약을 마치고 주변에 동양여행사가 있어 방문. 여행사 여사장님은 올해 환갑으로 32년 여행사 운영 베테랑이다. 많은 이야기 나누고 이웃 섬 여행을 예약하니, 길 건너 '서라벌' 상호의 큰 한국음식점이 있다. 여기 여 사장님도 30년 하였고 여행사 사장님과 친구라 한다. 대통령도 식사를 한다고 한다. 와이키키 해변까지 걸어가기로 하고 1시간 30분을 걷는다. 국제적인 여행지여서 길거리에 사람들로 넘쳐나고 상점과 음식점 모두가 오픈되어 손님들로 붐빈다. 호주와 뉴질랜드에서 도시를 다닐 때 저녁 7시가 되면 시드니, 멜버른, 오

클랜드를 제외하고는 우리 둘만이 거닐었던 것 같았는데 여기는 여행자의 천국이다. 내일부터 오아후섬 시내를 노면전차와 버스로 여행하고 섬 일주는 오토바이를 예약해 둘러보기로 한다. 카우아이섬, 마우이섬, 빅아일랜드는 동양여행사를 통한 일일 투어로 예약해 두었다.

호놀룰루 해변 야경

2018. 01. 13. 토

48일째, 하와이 2일 차. 한국인이 많은 곳이어서 버스 투어를 물어보니 관광용 씨티투어 버스가 아닌 일반노선 버스를 이용하는 방법을 알려준다. 승차해서 온종일이라고 하고 1인당 5불을 주면 일일 승차권을 발급해준다. 버스 노선표와 같이 호놀룰루 시내와 외곽주택지를 다니는데 시청 앞은 모든 노선이 거의 거친다. 시청 앞에 내려 화산 모양의 시청사 전경 바라보니 낮은 산이 주먹 모양 펀치볼이다. 시청 옆에는 미국에 유일하게 궁전이 있는 곳이다. 원주민의 마지막 왕 '아울라니 여왕'이 거주하던 궁전이 잘 보전되어 있다. 신비스럽다. 건축 양식도 그렇고, 그 주변에 오래된 관공서 건물이 있고 주변으로는 현대식 고층 아파트 사무실 고급 호텔이 즐비하게 서 있다. 궁전과 시청 정원을 마당처럼 내려보면서 다시 버스를 타고 가는데 차이나타운이 나온다. 내려서 모처럼 만두 등 6가지를 시켜서 푸짐하게 점심을 먹었다. 버스를 타고 다이아몬드헤드산 입구에 간다. 와이키키 해변을 거쳐 외곽마을 언덕 입구 종점에서 30분 걸어가니 일본과 전쟁 시 군인들이 사용한 포대 시설들이 나온다. 헤드 센터에 도착하니 제주도 성산 일출봉과 너무 흡사하다. 주변 봉우리와 분화구 모습이 일출봉보다 넓고 크다.

걸어서 40분 정도 오르니 오호! 그야말로 호놀룰루 시내와 와이키키 해변 시내를 한눈에 보여주는 최고의 전망대 역할을

아울라니 궁전

호놀룰루 시청

하는 곳이다. 최초 출입하는 터널은 6시에 문을 잠근다 되어 있고 군부대가 분화구 내에 주둔하고 있다. 출구에 6시 도착하니 경비원 빨리 오라 한다. 철문을 잠그고 차를 타고 떠난다. 우리 뒤에 10여 명의 관광객 내려오는데. 다이아몬드헤드에 갈 때는 최소 오후 2시쯤 도착해서 여유를 가져야 한다.

다이아몬드헤드에서 내려다본 시내

2018. 01. 14. 일

49일째, 하와이 3일 차. 호텔에서 한국인이 운영하는 민박집으로 숙소를 옮겼다. 컨벤션센터 뒤 와이키키비치와 더 가깝다. 동양여행사 사장님 주선으로 만난 성당 교우님 집이다. 11시, 한국인 거주지역 성당에서 함께 미사를 참석하였다. 이국만리 하와이에서 성당 미사에 참석하다니, 감동이었다. 미사 후 새로운 교우를 소개할 때 3개월 여정으로 이곳까지 왔노라 하니, 300여 교우님들 모두 놀라워 하시며 축하해 주신다. 여행사 사장님이 점심을 사겠다 한다. 한국인촌 상가 순댓국집에서 맛있는 점심을 대접받고 민박집에 짐을 풀고 와이키키 해변으로 간다. 일요일이라 젊은이들과 한국에서 온 관광객들이 많이 보인다. 와이키키 해변, 모래를 많이 넣어서 그런가? 30m 정도 앞까지 어른 키 높이 정도 깊이다. 그런데 바닷물 온도가 부산이나 동해안 물 온도보다 상당히 따뜻하다. 오히려 물 밖이 서늘하다. 호놀룰루가 4계절 같은 날씨여서 그런가?

2018. 01. 15. 월

50일째, 하와이 4일 차. 오늘도 시내버스로 우리가 흔히 부르는 진주만을 가본다. 여기는 공식 명칭이 '애리조나 기념관'이다. 시내에서 30분 정도 거리다.

13시에 도착하였는데, 14시 45분 표를 받았다. 표를 사려는데 몇 사람이냐고 물어보고 2장을 준다. 얼마냐? 물으니 무료란다 뭐지? 설명서를 보니 오전 7시부터 선착순으로 하루 1,300장의 입장권을 무료로 나누어 준단다. 표 예매 장소와 입장하는 로비에 기부금을 받는 투명함이 있어 5불을 넣었다. 미국은 오늘이 공휴일이다. 마틴 루터 킹 목사님이 총격으로 사망한 기념일이라고 한다. 관람객들이 참 많이 온다. 한국의 광복과 긴밀한 사연이 발생한 곳이라 생각하며 입장한다. 영화관에서 25분간 그때의 기록 필름을 보는데 남다른 감정이 솟아난다. 일본 관광객들이 참 많이 있는데 그들은 무슨 생각을 하고 있을까? 궁금하였다. 해군 병사들의 안내로 150명 정도가 모터보트로 3분가량 달린다. 침몰당한 애리조나 배 위에 기념추모관을 만들어 놓은 곳에 내려준다.

참 많은 해군 병사들이 죽었다. 명단을 보면서 숙연해짐은 비단 나만은 아닐 것이다. 여러 장소에서 사진으로 현장을 남겨보고 돌아온다.

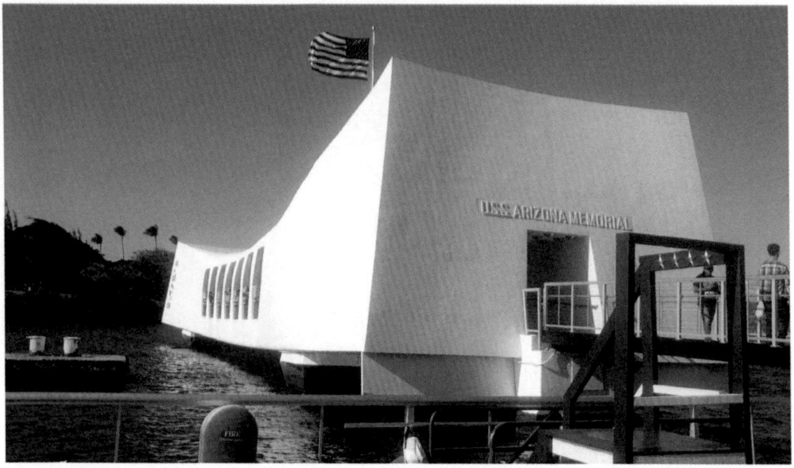

애리조나 기념관

침몰된 군함

수평선과 맞닿은 구름

2018. 01. 16. 화

51일째, 하와이 5일 차. '카우와이섬'으로 간다. 하늘이 맑고 구름이 제일 높은 1,500m 산봉우리에 걸려 있다. 1,200m까지 버스가 간단다. 섬의 크기가 제주도의 80%, 7만 명이 있단다. 1,200m '카날라우' 전망대에서 내려보는 모습은 산 위에서 내려보는 바다와 그 아래 형성된 구름이 수평선을 가려주는 현상이다. 일 년에 몇 번을 본다는데 행운이라고 가이드 말한다. 여행 포인트가 정말 기막힌 풍경이다. 와우! 소리가 나온다.

마지막으로 작은 포구에 스노클링을 하면서 물고기와 함께 하고 비행장으로 향한다.

할레아칼라 분화구

2018. 01. 17. 수

52일째, 하와이 6일 차. '마우이섬'으로 간다. 14만여 명이 거주하고 한인 500명이 살고 제주도보다 조금 크다. 전체 섬 모양이 여성 머리와 상체 모습의 형상이다. '라하이나' 마을이다. 1,850년에 심었다는 반얀트리 한 그루가 한 구역을 차지하는데, 관광객을 불러모으고 150년 이상 된 상점들이 다시 재생되어 관광객을 모은다. 이곳이 옛 통일왕조의 수도였다.

'카나풀라' 휴양지에 도착한다. 멋진 자연과 호텔 골프장 해변 요트장이 즐비하고 휴양 오는 관광객들과 백인 천국이다. 마우이섬 국립공원의 최고봉 3,550m '할레아칼라 분화구'로 올라간다. 1,400m급 부근인데 도로가 1,930년대 루스벨트 대통령 때 경제부흥정책으로 정상 천문대 근무 과학자들을 위해 3년간 공사 잘 만들어 놓은 도로이다. 바람이 거의 영하에 가까운 날씨 수준이다. 세계에서 가장 큰 화산 분화구로 지름이 5㎞가 넘는다.

반얀트리 나무 한 그루

2018. 01. 18. 목

53일째, 하와이 7일 차. '빅아일랜드'로 제주도의 5배 크기. 20만 명이 거주한다. '아카카 폭포'로 가는데 비가 내린다.

가장 높은 '마우나카이'. 4,500m 산 아래 살아있는 화산 지대이다. 박물관 앞에 도착하니 분화구에서 용암은 보지 못하였으나 화산 연기가 뭉게구름처럼 쉬지 않고 나온다. 바닷가로 내려가면 1970년대 발생한 화산 용암이 두꺼비처럼 굳어 장관을 이룬다.

130m 아카카 폭포

용암이 굳은 바닥 위로 쌍무지개

용암 분화구

2018. 01. 19. 금

54일째, 하와이 8일 차. 3개 섬 투어를 마치고 바이크렌트 하여 어제와 본 다이아몬드헤드를 바이크로 둘러보고 석양 아래 사진도 남긴다.

다이아몬드헤드 바이크 여행

2018. 01. 21. 일

56일째, 하와이 10일 차. 시내를 벗어나 61번 도로를 달리니 높은 산이 가로막아 구름이 넘질 못하여 가랑비와 굵은 비가 번갈아 내려준다. 잠시 옷이 젖었으나 춥지는 않다. 터널을 통과하니 산릉선에서 내려보는 풍경은 멋진 해안과 작은 읍 정도 규모의 '아카아 타운'이 나온다. 아름다운 해변과 모래사장 파도가 넘실거리고 서핑을 청년들 해변 뒤 단층주택들로 정원이 정말 멋진 휴양지 전원주택이다.

호텔도 하나 없고 개발 자체를 하지 않은 곳으로 현지인들이 많이 오는 곳이다. 준비해 간 점심과 과일로 식사 후 휴식을 즐겼다.

아키아 해변

하와이 여정 마지막 밤을 앞두고 다시 와이키키 해변에서 아름답게 넘어가는 석양을 바라보면서 추억의 사진을 남겨본다. 해변에서 저녁과 가벼운 주류로 그간의 여정에 함께하면서 힘들었을 아내에게 고마움을 표하고 해가 지는 와이키키 해변에서 한참을 머물다가 휘황찬란한 야경의 고층 호텔을 보면서 "안녕! 하와이, 안녕 와이키키!"라 고한다. 아내의 손을 잡고 걸어오면서 마지막 풍경을 남겨둔다. 하와이 여정 10일간의 추억을 행복이란 단어로 새기면서 마감한다.

하와이 마지막 저녁

안녕! 와이키키 해변 석양

2018. 01. 22. 월

아내의 회갑기념을 위해 호주, 뉴질랜드, 하와이 57일째. 하와이 11일 차. 괌으로 떠나는 날이다.

아침을 민박집 여주인인 77세 누님께서 과일과 커피로 같이 하며 정담을 나눈다. 그동안 성당 미사에 함께 하고자 우리를 태워 다니셨고 떠나는 날 아침을 준비해서 함께 하니 너무 고마운 일이었다. 늘 건강하시길 기원한다. 동양여행사 사무실. 그간의 여행담으로 많은 웃음거리를 털어놓고 정담을 나눈 김희숙 사장님과 남편님, 직원님 고마웠습니다. 12시 점심을 대접해주신다고 하여 새우요리집으로 출발, 함께하였다.

맛있는 새우요리로 배부른 점심 후 함께 사진도 남겨보았다. 공항까지 남편님께서 손수 운전하여 데려다주신다. 사장님 말씀이 32년 여행사 하면서 우리 부부 같은 사람을 만나본 적이 없으며 자기들이 더 많은 즐거움을 받았다고 오히려 더 고마워

하와이 11일 여행경비 정리

호주출발 국외, 국내선 비행기 4회 탑승
숙박, 식사, 일반 여행경비
5백30만 원 지출됨

하신다. (두 분 덕분에 추억의 하와이 여행을 잘 마치고 괌으로 떠납니다. 안녕히 계시고 영업과 가정에 늘 좋은 일 함께하길 기원합니다.)

서울 오시면 꼭 전화하여 커피 한잔, 식사 한 번이라도 대접할 기회를 달라 하였다. 연락하기로 하고, 굳은 악수와 포옹으로 굿바이 한다. 하와이 안녕!

04

태평양의 보석 같은 괌

GUAM

2018. 01. 24. 수

58일째, 괌 2일 차. '투몬베이' 중심 시가지를 걸어서 관광한다. 섬 전체 둘레가 150㎞ 정도이고 일본 젊은이들과 한국 젊은이들이 휴양지 전체를 움직이는 것 같다. 면세점과 호텔 리조트가 시내 전체를 이루고 있다. 해변은 산호초 해변으로 50m까지 들어가도 배꼽 깊이 수심으로 아이들의 천국이다. 산호초 해변에서 휴식으로 보낸다.

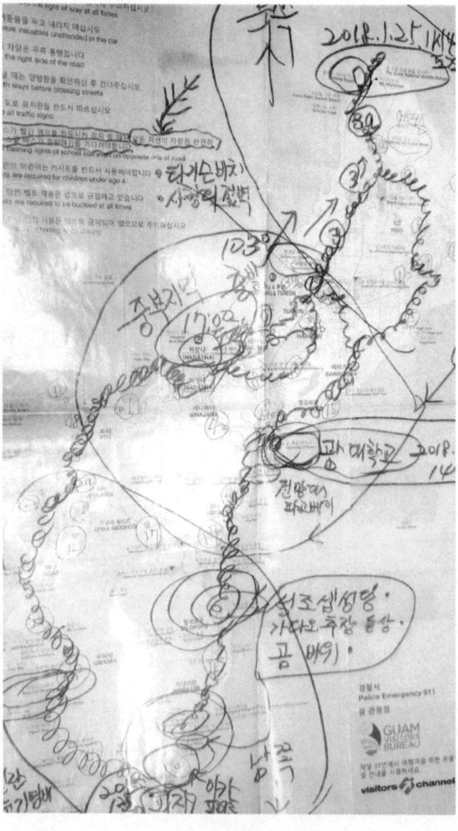

투몬베이 중심 시가지

괌(Guam)

서태평양에 있는 17만 명 인구의 미국 해외 영토. 남한에서 3,000㎞ 거리이다. 섬의 북쪽에는 숲으로 뒤덮인 산호석회암 고원이 있으며 남쪽에는 숲과 초원이 깔린 화산 봉우리들이 있다. 섬의 해안선은 거의 산호초로 되어 있다.

산호초 해변에 산호초 부스러기로 새긴 이름

2018. 01. 25. 목

59일째, 괌 3일 차. 렌터카를 빌려 북쪽으로 향한다. 시내를 벗어나니 섬 시골길이 나온다. 미군 부대 철조망이 나오고 길이 분리된다. 최북단 국립공원 '클레포사이트 비치'가 나온다. 산호초 바닥이 드넓고 모래사장이 산호모래다. 어김없이 한국인들이 아기들을 데리고 온 젊은 부부들이 상당히 많이 와서 즐기고 있다.

클레포사이트 비치 입구 절벽 위

모든 마트는 한국상품이 한 코너를 차지하고 있고 직원들 상당히 한국말을 잘한다.

아침에 나가면 빵야! 빵야! 한다. 실탄사격장이 다섯 섯 집 건너 한 곳씩 있고 마사지 집들 또한 그러하고 서울식당, 무슨 식당 등 한국인 식당이 곳곳에 있다. 호텔직원들도 간단한 한국말을 잘한다. 돌아서 나오니 앤더슨 공군기지가 우람한 정문을 보여준다.

한국과 인연이 깊은 곳이다. 뉴스에서 자주 듣던 이름 앤더슨 최신예 비행기가 날아오르는 모습이 보인다. 중부지방 지역괌 국립대학이 있어 방문해 보았다.

여느 대학처럼 도서관에 공부에 열중하는 학생들이 많이 보인다. 아담한 캠퍼스가 정겹다.

성조셉 성당

다시 4번 도로를 따라 남하하니 성조셉 성당이 나오고 가다 오 추장 동상이 나오는 작은 시골 마을이 나온다. 아름다운 포구는 어김없이 산호초가 깔려 있다.

2시가 넘었는데 점심을 먹을 만한 식당이 없다. '사울아갈라 비치'가 나온다. 휴게시설이 갖추어져 있고 한국 젊은 가족들 청년들이 상당히 많이 있다.

지금까지 본 해안 포구 중 가장 아름다운 곳이다. 피자 차량이 있다. 18불, 15불 하는 피자를 사 먹으려고 비자카드 되냐고 물으니, "No!" 한다. 지갑을 열어보니 달랑 지폐 1불만 있다. 60불이 있었는데, 렌트 차량 빌릴 때 카드가 안된다 하여 59불을 현금으로 주고 1불만 남은 돈이다.

주변에 ATM 기계도 없고 난감한 표정을 지으니, 청년 사장님이 난감해하더니 1불을 달란다. 그러고는 어느 피자를 먹겠느냐 한다. 당황하여 아니다 하니 고르란다. 이런 일이 있나. 여행자로서 젊은이를 도와주지 못할 망정 얻어먹다니 우리가 곤란해하자, '한국 사람 친구야' 한다. 어리둥절 악수를 한다. 그러고 보니 이곳에 한국인들이 많이 와 있고 피자도 주문해서 가져간다. 피자 사는 한국 청년에게 우리 사정을 이야기하니 청년들이 피자 청년 사장을 고맙다 표현하고 주문을 더 해준다.

사울아갈라 비치

피자 차량 젊은 사장님

고마움으로 인사하고 북쪽 투먼으로 향한다. 섬을 한 바퀴 도는 데 7시간가량 소요되었다. 괌은 곳곳이 산호초로 바다 앞이 형성되어 파도가 바로 부딪치는 곳이 몇 군데 없고 산호초가 막아주니 멋진 해변을 보여준다. 아이들을 데리고 혹은 나이 드신 부모님과 함께 가족 단위 휴양지로 좋은 곳이다.

괌 3일 여행경비 정리

국외선 비행기 1회 탑승
숙박, 식사, 일반 여행경비
1백30만 원 지출됨

05

친숙할 것 같은 타이완 유람

TAIWAN

타이베이*Taipei,* 台北

타이완의 수도. 중국 역사의 보고인 국립 고궁 박물원과 현대건축 기술을 자랑하는 101빌딩이 공존하고 있으며, 화려한 조각으로 장식된 사원들과 야시장의 음식이 여행자의 눈과 입을 사로잡는다. 복잡한 도심에 자연공원이 많고 온천은 여행자의 휴식처로 제공된다.

2018.01.26.금

괌 여정을 마치고 60일째 아름다운 괌을 15시 30분에 이륙한다. 아디오스! 괌! 인사해본다. 괌 공항 입구에 '아디오스'라고 적혀 있다. 괌 이륙 후 4시간(괌 2시간 빠름)을 날아와 17시 30분 타이베이 도착, 1일 차. 신베이시(新北市)에서 저녁 일정으로 시작한다.

호텔에서 내려다본 신베이시 모습

타이완(Taiwan, 臺灣)

2,370만 명의 인구. 타이완 산지와 구릉지대가 대부분으로 가장 높은 '위산산'은 해발 3,997m로, 섬의 중남부에 있고 도시 모습은 중국과 흡사하다. 옛 문화와 현대가 잘 어울려 볼거리와 먹거리가 풍부해 여행자에게 친숙한 모습이다.

2018. 01. 27. 토

아내의 회갑기념으로 호주, 뉴질랜드, 하와이, 괌 여정 61일째 타이완 2일 차. 타이베이시와 연결된 신베이시에서 시작한다. 이제까지 아침 식사를 토스트와 햄, 빵, 시리얼로 먹다가 타이완에서 호텔 식사는 우리 입맛에 맞는 음식들이 신선한 야채와 함께한다. 시내구경길. 작은 철공소 공작소들이 많이 있는 외곽지역까지 걸었다. 지하철이 있으나 지상으로 7개 역을 지나니 시내 메인 중심 도로가 나온다. 타이베이시 주변 도시로 좁고 조금 낙후된 기분을 받는다. 아파트들이 60년대에 건축된 듯하고 좁은 골목길에 차량 한 대가 겨우 다닌다. 스쿠터 천국이다. 시내 중앙로길을 가는데 야시장길이 있다. 서울 광장시장과 유사하다. 상점가 중앙에 먹거리 이동포장마차가 즐비하다. 별별 음식들이 진한 향료 냄새를 풍긴다. 입구 부근 스테이크집이 불티나게 북적이고, 젊은이들 8명 정도 굽고 나르고 대단하다. 간판을 보니 스테이크와 치킨을 철판구이 해준다. 값도 너무 저렴하다. 다른 데를 구경하고 온다니 오케한다. 야시장을 둘러보고 다시 스테이크집에 도착. 너무 맛있고 소스, 굽기, 육즙 등 이제까지 여행 중 먹어본 최고의 스테이크집이다. 맛집으로 이미 등극했나 보다. 손님들이 식당을 가득 메우고 연신 들어온다. 정말 맛있다고 엄지 척하니 고맙다 한다. 젊은이들과 기념사진을 남기고 하루 관광을 마쳤다.

아파트 길

스테이크 식당 청년과 함께

2018. 01. 28. 일

62일째, 타이완 3일 차. 신베이역 마을 온천지구를 간다. 역에 내리니 뭘까? 브라스밴드가 크게 자리 잡고 연주한다. 관람석에 앉아보니, 타이완 최고 예술단이 순회공연을 하는데 사전 홍보를 한다. 우중에 온천장이라 운치는 있지만 여행객에게 비는 귀찮은 존재다. 상류에 중규모 온천이 웅덩이를 만들어 90도 유황 물이 넘쳐 나온다. 주변 온천장에서 사용한 온천물이 개울 가득 내려간다.

타이완 제일 멋진 도서관에 선정된 목조건축

온천원탕 호수 앞

타이베이에서 유명한 왕명산 국립공원을 가보았다.

장개석 총통의 노후 별장이 있다 하여 왔으나 개방 시간을 놓쳐 관람은 못 하고 왔다. 타이베이로 호텔을 옮겼다. 호텔 앞 타이베이역사 5층 높이 웅장함에 놀란다. 내부 대합실은 천정이 휑하니 빈공간을 만들어 놓았고 바닥은 의자가 하나도 없는 타일식으로 웬만한 광장이다. 무슨 일일까? 노숙자들인지 바닥에 둘러앉아 음식을 먹고 떠드는 사람들로 가득하다. 자세히 보니, 노숙자가 아닌 여행자들로 젊은이, 나이 드신 분들 모두 모여 저녁 식사를 하는 풍경이다. 2층은 식당가인데 빙 둘러 전부 식당이나 어김없이 사람들로 가득하다. 1층 음식 코너에는 햄버거, 스시도시락 등이 있는데, 그중에서 철도 도시락집에 줄이 많다. 어라? 우리도 저녁 먹을 시간인데? 괜찮은 스시도시락 2개를 구입해서 역 대합실 군중들 사이에 자리 한

칸을 잡고 식탁(비닐봉지)을 펴고 군중들과 함께 저녁을 맛나게 먹었다. 타이베이역 대합실 바닥에 펄썩 주저앉아 아내와 함께 웃으면서 도시락의 추억을 만들었다.

타이베이역

타이베이역 대합실 바닥에서 식사하는 여행객

2018. 01. 29. 월

63일째, 타이완 4일 차. 타이베이역 여행안내소. 타이완 지도를 펼쳐놓고 타이베이에서 서쪽 해안 남쪽으로 버스를 타고 내려가면서 여행하고자 설명하니 알아듣고 버스번호, 시간, 거리 등을 알려준다. 역 바로 뒤에 버스 메인 터미널이 있다(서울 강남터미널과 같다). 버스표 예약 완료. 비도 내리고 타이베이 시내를 비 맞고 처량하게 돌아 다니느니 남쪽으로 내려가는 2시간 거리 '먀오리(苗栗)'시 버스로 남쪽으로 갈 준비 완료.

점심시간이 되었다. 어제저녁처럼 역 대합실에 앉아서 점심을 먹는 사람들. 저녁만큼은 아니어도 상당히 많다 음식파는 코너 사람들로 붐비고 기둥에 기대어 도시락으로 먹는 사람 사이, 의자에도 점심 먹는 이들로 가득하다. 오늘 점심은 이층에서 우아하게 먹으리라 올라가니 엄청난 사람들이 식당마다 가득하고 줄 서 있는 집이 상당히 많다. 놀랍다. 타이완 사람들 타이베이에만 몰려 사는가? 식당 앞 합동으로 운영되는 많은 식탁을 모두 점령하여 놀랐다. 겨우 자리 잡은 곳은 TV에 나오는 요리쉐프들이 폼 잡고 있는 그림이 있는 집이다. 면으로 식사를 마치고 버스를 탄다. 지도에다 버스번호 등을 적어놓았으니 지도 들고 버스투어를 하기로 한다.

인구 9만 명 '먀오리(苗栗)'시 버스터미널에 정차한다. 중소도시 역 앞이다. 호텔 네온사인을 보고 들어가 예약 후 저녁도 먹을 겸 나섰다. 20분 정도 걸었는데 작은 분식집에 들어가니 젊은 부부와 일하는 아주머니 2분 분주하다. 꽤 장사가 잘되는 집이다. 아저씨에게 말을 거는데 둘 다 벙어리 되었다. 나는 영어, 그 사람은 중국어, 순간 사장님이 글씨를 보고 추천해 준다. 2개 주문하고 기다리니 무를 어묵에 넣은 것처럼 잘 우린 국물과 함께 작은 그릇에 특별히 준단다. 맛있다. 국수 두 그릇 아내와 먹는 중 맛있다 표현하고 엄지 척하니 반갑게 쉐쉐 한다. 만두가 없냐 물으니 못 알아듣고 작은 앞접시를 가져온다. 황당함이다. 벽에 만두 그림을 가르키며 1통 주문하니 그냥 준다고 자꾸 그런다. 작은 그릇에 6개 정도 담아주는데 정말 만두피가 쫄깃하고 만두소도 씨앗 같은 것도 있고 고기 맛이 일품이다. 엄지 척하니 이 만두가 '크리스털 만두'란다. 그리고 대만에서 아주 유명한 만두란다. 너무 고마운데 그저 고맙다 인사만 하였다.

잠시 후 남자아이 둘을 데리고 온다. 아이들이 영어를 배우는데 내가 영어를 하니까 아이들이 통역을 해준다. 초등 5학년, 중 1학년 두 아들과 나와 영어로 대화하니, 아빠와 엄마가 너무 좋아하고 뿌듯해한다. 나의 짧은 영어가 아이들에게 용기와 자신감을 주는 것 같아 너무 행복하였다. 한참 이야기 나누다 이곳에 오게 된 것을 아이들에게 설명하면서 아내의 60회 생일 기념으로 여행을 2개월 다니고 여기 왔다 하니 통역을 받은 아이들 아빠 엄마 너무 감격해 하면서 기뻐해 주고 축하해 준다. 아이들과 통역하면서 애들 아빠는 기계장비나 목공가구 등에 들어가는 연결 나사를 만드는 회사에 다니고 저녁에 아

내의 식당에서 일해 준단다.

잠시 후 아이들이 생일케이크 작은 것을 사 왔다. 너무 미안해서 이거는 아니다 하니, 자기들이 우리가 너무 감격스러워 생일케이크를 선물해 준다고 하면서 함께 해피버스데이를 불러 준다. 정말 이런 곳에서 엄청난 대접을 받은 아내와 나는 감격했다. 아이들과 아빠, 엄마와 함께 부둥켜 안고 한참을 있었다. 정말 감동이었다. 우리는 그들에게 아무것도 준 것이 없었다. 몰래 아이들에게 돈을 조금 주니 아이들은 아니다 하고 아빠와 엄마도 아니라고 한사코 말린다. 정말 마음으로 큰 선물을 받았다.

영업시간을 마치고 일하는 아주머니들은 퇴근하고 가족과 우리 부부가 함께 시간가는 줄 모르고 아이들과 함께 대화하고, 전화번호를 주고 받으며 서울 오면 전화 주라고 하니 그러겠다한다. 아기 엄마는 '가오슝' 시내에 친정이 있다 한다. 헤어질 때, 아이들 엄마가 눈물을 글썽인다. 아내와 함께 안아 주었다. 10시 30분이다. 일어서는데 비가 내리니 호텔까지 데려다 준다고 아이 아빠와 아이들 둘이 함께 차를 타고 호텔에서 내리면서 안녕하였다.

여행하면서 이런 감동을 받다니, 화려하고 큰 도시에서 느끼는 감동이 이보다 더하랴 남아 있는 여정에 아지랑이처럼 떠오를 것 같다. 아이들에게 고등학생 되고 대학생이 되면 서울로 꼭 여행 오라 하니 그러겠단다. 아저씨 전화로 연락하라 하니 그러겠단다. 이 아이들이 서울 와서 전화 걸 때 받아야 하니 나의 전화번호를 변경할 수가 없다. 너무 감격스런 하루다.

2018. 01. 30. 화

64일째, 타이완 5일 차. 먀오리(苗栗)시 호텔에 비치된 지도를 보고 시내, 사찰, 현충탑공원을 둘러 보았다.

먀오리(苗栗)시

타이중*Taichung*, 台中

270만 명 타이완 제3의 도시로 타이완을 대표하는 국립 과학박물관, 타이완 미술관 등 문화 예술이 발달한 도시다. 중화루와 펑자 야시장이 유명하다.

점심 후 타이중시로 가는 고속열차 타고 타이중(台中)시에 도착한다. 도착하기 전 4개 정거장부터 도시가 연결되는 걸 보니 상당한 규모를 갖춘 도시이다. 어느 도시나 중심권역은 복잡하고 사람들로 넘쳐난다. 호텔 방 옆길을 돌아서는데 1927년 건축된 붉은 2층 벽돌 건물 벽체를 남기고 리모델링한 아주 고풍스러우면서 현대미를 함께한 '궁원안과' 건물이 관광명소 건물로 바뀐 것 같다. 옆에는 청계천보다 작은 개천이 있고 풍경 좋은 위치에 자리 잡고 있다. 1층은 초콜릿 등 비스킷 상점들 아

시내 시장과 사찰거리

이스크림점 사람들로 넘쳐난다. 건물 안은 향나무 같은 나무로 장식되어 그런지 아주 은은한 향기를 낸다. 2층은 고급스런 분위기 중식당이 있다. 저녁을 먹기로 하고 주문 후 나오는 음식들 입맛에 잘 맞는다. 가격대비 좋은 음식이다. 맛있게 먹었다고 칭찬해주고 나왔다. 한 번쯤 방문해볼 건물과 식당이다.

100년이 넘은 궁원안과 건물

시내 야시장

2018. 01. 31. 수

65일째, 타이완 6일 차. 타이중시 외곽 2시간 거리 난타우현 깊은 산중 870m 지역에 대만의 심장이라고 소개되며 대만 10경에 선정된 해와 달이 담겨있는 호수 둘레길이 24km '일월담 호수'로 호수 내 명소를 배로 이동 아름다움을 담아본다.

일월담 호수 선착장

2018.02.01. 목

66일째, 타이완 7일 차. 타이중시 외곽 중공업지구를 지나 시내버스로 40분 정도 둥하이다쉐(東海大學) 정문에 도착한다. 타이완에서 이름있는 대학으로 캠퍼스가 가장 아름다운 대학으로 선정되었으며 유명한 건축가 베이위밍이 건축한 루시 교회당이 타이중의 관광명소로 선정되었단다. 1955년에 설립된 대학교로 그 당시 목조건물로 단층이 주를 이루며 아주 고즈넉한 분위기를 전해주는 한국의 예전 향교 또는 성균관 건물형태로 축조되어 친근감과 무게가 풍기는 건물들로 학생들이 도서관 등 곳곳에 많이들 있다. 정말 아름답고 포근한 대학 캠퍼스라고 부르기에 적합하다. 특히 10도 경사 정도에 도서관 가는 길은 50m 정도 폭으로 양옆에 반얀트리 나무가 도열해 있는데 그 길을 보면 영화의 한 장면이 보이는 것 같다. 이곳은 젊은이들이 아주 좋아하는 길이란다.

우리가 보아도 아름다운 길이다. 대학 갈 때도 느꼈지만 타이중시가 대만에서 세 번째 중심도시로 인구 100만 정도 살고 항구가 발달하여 중공업이 번창하고 상업의 중심지로서 역할을 한다고 한다. 중심에서 외곽에 한국의 신도시처럼 주상 아파트 빌딩들이 즐비하다.

둥하이다쉐 도서관 올라가는 길

대학교 내 유명한 루시 교회당

구관 온천

외곽 2시간 거리 구관(谷關) 지역 온천으로 간다. 계곡이 깊고 온천장 앞산들이 높아 강원도 계곡을 연상시킨다. 2시간 온천욕으로 그간 타이중에서 여행 중 피로를 풀어보고 호텔로 돌아와 내일은 가리산이 있는 가희도시로 간다.

2018. 02. 02. 금

67일째, 타이완 8일 차. 타이중시 여정을 마치고 남쪽 아리산(阿里山) 열차가 있는 '자의(嘉義)시'로 내려간다. 타이중시를 벗어나자 오늘은 따뜻하고 좋은 날씨다. 들녁에는 벌써 모내기를 하였다. 이모작을 하나 보다. 자의시내는 중소도시이다.

어묵류 파는 좌판

역에 도착하니 열차가 오전에만 출발한다. 버스를 타기로 하고 점심을 먹기 위해 역 앞 시내 길을 걷다가 리어카 포장마차에서 어묵 종류를 파는 것을 발견 앉아서 여러 종류를 시켜서 먹어보니 우리의 어묵과 비슷한 게 맛있게 따뜻한 국물과 함께 한 그릇씩 배부르게 먹었다.

아리산 가는 버스 타고 2시간 30분을 구불구불 몇 개 마을을 거쳐 가면서 아리산 표지구역부터는 산세가 설악산 가는 것 같다. 해발 2,480m 높은 산이니 가는 내내 짙은 안개로 20m 앞이 보이지 않는 안갯길을 기사님 잘도 간다. 오후 5시 거의 밤 수준이다.

2018. 02. 03. 토

68일째, 타이완 9일차. 아리산행 열차를 이용 정상 2,480m 심술쟁이 구름은 솟아오르는 태양을 방해한다. 안개 낀 아리산 정상 사진으로 남겨둔다.

아리산역 대합실 스크린에 소개되는 영상을 잠시 보았는데 일본인 기관차 운전사, 정비사 등이 나오고 설명하는 영상이다. 아마도 일제 강점 시기(청일전쟁 후 1895~1954) 아리산 거목들을 베어서 실어 나르기 위한 철도로 건설된 듯하다. 거목들이 군데군데 남아 있어 기념수로 보호되고 있고 현재의 나무들이 울창하지만, 그 이후 자란 나무군락으로 추정되어 조금은 쓸쓸한 기운이 남는다. 이제 대만의 옛 수도였던 타이난(台南)시로 간다.

목재로 지어진 아리산역 승차장과 역사

타이난*T'ai-nan*, 臺南

190만 명 타이완에서 가장 오래된 도시로 1683년 행정 수도였으나 1891년 타이베이로 옮겨진 뒤로는 예전 문화와 상업 도시로 관광객을 불러 온다.

2018. 02. 04. 일

69일째, 타이완 10일 차. 옛 수도였던 타이난(台南)시에서 여정을 시작하는데 오래된 옛 도시로 가는 곳이 유적지로 등재되어있고 공자님의 아들이 이곳에 내려와 학문을 가르친 곳으로 시내 곳곳을 돌아보니 무슨 궁, 무슨 궁이 무척 많은데 유명한 조상님을 모시는 절이 너무 많다.

일정도 부족할 것 택시투어를 하였다. 친절한 택시기사님 곳곳에 다니면서 설명하는 데 간혹 알아듣는 말이 있다. 특히 600년 전 네덜란드가 점령하여 통치를 받던 시기에 민족 영웅으로 추앙받는 '정성공'이란 걸출한 장수(한국 이순신)가 나타나 네덜란드를 9개월에 걸쳐 전투 끝에 성을 탈환한 그분을 기리는 유적과 전투 현장이 인상 깊은 도시였다.

많은 유적이 산재한 타이난시를 두고 타이완 제2의 도시 가오슝으로 간다.

공자 아들이 가르친 교육당

정성공 영웅 동상과 기념관

공원 주차장 바이크들. 자기 것 어떻게 찾나?

황제신을 모시는궁(사찰) 내부 모습

가오슝 *Kao-hsiung,* 高雄

280만 명 타이완 서남부에 위치하고 제2의 도시이며 해상 교통의 요충지다. 85 스카이 타워와 50층 세계무역센터 등 많은 마천루가 하늘을 향해 솟아 있다.

2018. 02. 05. 월

70일째, 타이완 11일 차. 일정 부족으로 젊은 택시 기사에게 지도 이곳저곳 가리키고 시계를 보고 6시간 투어를 할 수 있냐? 물으니 대만 돈 3,000달러(한국 돈 12만 원)를 요구한다. 오케이. 가오슝을 오면 필수라는 곤돌라 배를 타니 항구 주변으로 키 높이를 자랑하는 85층 건물(高雄85大樓)이 위용을 나타내고 주변이 고층 건물로 자랑한다.

외곽으로 30분 보광산자락 불광사 사찰이 나온다.

정문에서부터 어마한 위용을 자랑하는데 사진으로 표현해 보겠다. 해가 저물어 절 안에 음식점에서 사찰음식으로 버섯류 야채류 사찰음식으로 우리만 식사하고 오라는 기사님과 함께 맛있는 저녁을 먹으니 기사님 몇 번 고맙다 한다. 어깨동무 하였다.

보광산자락 거대한 불광사 사찰

고맙고 편한 여정을 하게 되어 감사를 표하고 나름 덤으로 요금을 드리니 몇 번 고맙다 한다. (젊은 택시 기사님 고마웠어요.) 고웅 85 타워를 둘러보고 파스 한 장 사려고 약국에 들렀는데, 약사분 친구가 한국말을 잘하신다. 그분 한국인삼을 가져와 대만에 보급하는 분이다. 친한 친구가 진안에 있고 내 고향 영주와 풍기를 잘 안다. 서로 명함을 교환하고 서울 오면 전화하기로 하였다. 이제 대만 제2의 도시 가오슝을 떠난다. 동해안 대동 시를 거쳐 화련시까지 간다. 가오슝시를 떠나 화롄시로 가는 기차를 타고 동해안 철로 길을 타이베이 방향 북으로 올라간다.

우리나라 동해안 열차와 같다. 파도가 철썩이며 검은 모래 해안이네! 화산모래? 석탄광산 있나? 파도에 일어나는 물거품이 검은 물결이다. 동해안 쪽 꽤 높은 산들이 많이 나온다. 정거하는 마을마다 정겨운 시골 풍경을 보여준다. 2시간을 달려 타이동(台東)역에 도착 화롄(花連)으로 가는 열차를 갈아탄다.

화롄*Hua-lien*, 花蓮

11만 명 동쪽 해안에서 가장 큰 촌락이며 동부관광의 요충지로 특히 타이루거 협곡으로 갈 때 반드시 오는 곳으로 3,000m 대리석 협곡을 간직하고 있다.

오후 화롄역에 도착 관광안내소에서 3,000m를 오르는 협곡 투어 등 관광 지도를 받고 교통편을 확인하는데 택시기사분 오시더니 민박하란다. 그리고 타이루거 미니버스를 이용하라고 권하네! 고민하다 오케이! 민박집 앞 식당에서 갈치와 오징어순대 등으로 생선 음식을 모처럼 잘 먹었다.

2018. 02. 06. 화

71일째, 대만 12일 차. 타이거루거 협곡투어를 한다.

한국 자동차 몰고 온 기사님 내 나이와 비슷하고 영어와 한국어도 가끔 하신다. 협곡 입구부터 2,950m 산세와 흐르는 회색 물이 관심을 불러온다. 처음 관문부터 감탄사가 나온다. 설악산을 들어가는 계곡과 비슷한 줄 알았는데 그야말로 좁은 협곡이다. 협곡 자체가 대리석 연질 암석으로 5백만 년 전에 생긴 협곡이라고 기사님 설명한다. 보이는 것이 아! 소리 나는 풍광으로 대단하다. 대만을 오면 꼭 들러볼 곳이라 생각이 든다. 아저씨가 프로답다. 가는 곳곳에 차를 세워 설명해주고 사진도 찍어주고 너무 잘하신다.

천상계곡 종점에 도착 커피와 주스로 담소나 누고 화롄역으로 돌아오니 도착 약속한 13시가 되었다.

4시간 투어를 마치고 대만 돈 1,400달러(우리 돈 6만 원)를 드리고 고마움에 덤으로 더 드리니 고맙다고 인사를 계속하신다. 포옹으로 작별 나누었다.

멋진 협곡여행을 마쳤는데 이 길은 1914년 일본 군인들이 동에서 서로 군대 물자를 보급하고자 원주민들을 동원 협곡 길을 뚫었던 곳이고 금광이 발견되어 한참 골드러쉬를 이루기도 한 아픈 역사의 유물인데 그 당시 만든 좁은 길은 지금도 등산로와 도보여행 길로 사용하고 있단다. 그리고 지금의 차량 길은 동쪽 화롄시와 서쪽 타이중시를 연결하기 위한 2,950㎙ 높이의 산 협곡 길을 새로 만들어 대만에서 자연 관광지로 최고로 친다고 한다.

화롄을 떠나 타이베이 101빌딩 전망대 야간의 도시 모습을 내려다본다. 아름다운 야경이다.

잠자리 들려는데 30초 정도 작은 배 흔들리듯 출렁인다. 놀라서 1층으로 내려가 보니 직원 지진이 났다고 한다. 그런데 타이베이는 아니라고 안심하라고 한다. 아침에 일어나 보니 어제 우리가 다녀온 화롄 앞바다에서 지진이라서 역 앞 호텔이 무너지고 하였네! 깜짝 놀랐다.

타이루거 협곡

타이루거 협곡 사찰

101빌딩 지진 충격흡수 장치

타이베이시 아름다운 야경

2018. 02. 07. 수

72일째, 타이완 13일 차. 주변 도시 예류(野柳)로 1시간 30분 버스로 티이완의 최북단 지질공원에서 시작한다. 사암 바위로 이루어진 곳으로 풍파에 깎이고 세월 속에 모나리자상? 이집트 여왕상? 모든 아름다운 이름을 모셔 작명해 놓은 독특한 모습들 앞에서 비와 바람이 심해서 아름다운 여왕님들을 곱게 모시지 못하고 정성이 부족한 작품 사진으로 한국까지 가져감을 미안하게 생각하면서 여왕님 머리 군상들과 안녕!

비도 오고 젊은이들이 추천을 많이 하는 쥬펀(九份) 마을까지 해안도로를 택시로 대만 돈 1,000달러(우리 돈 4만 원)를 주고 간다. 쥬펀 마을은 남해안 통영. 앞바다와 비슷한 게 아름답다. 마을은 앞에 항구와 작은 섬을 내려다보는 가파른 산벼랑에 굽이굽이 집들이 있고 양옆으로 음식점, 과자점, 기념품점, 커피점 등이 오래전부터 형성되면서 한국의 북촌, 서촌, 인사동 골목처럼 명성을 얻기 시작하고 영화촬영도 하면서 젊은이들이 모이기 시작한 곳이다. 산동네 중간쯤 대형버스 주차장이 만원이다.

사진으로 증명하듯 한국 젊은이 50%, 일본인 약간, 나머지 대만인들이 골목을 메우고 상점마다 한글 표시가 기본으로 되어 있다. 산등성이를 한 바퀴 돌아 나와 40분 거리의 천등지(큰 붉은 종이 등 안에 불을 피워 하늘로 띄우는 등) 축제로 이름을 날린 작은 시골 마을 쓰펀(十份) 마을에 도착. 철길 위에서 젊은 남녀

등불을 밝혀 소원을 비는 모습을 담아보고 어릴 때 타보던 전동차를 타고 타이베이 시내로 돌아오면서 송산역에 하차 랴오 야시장을 방문 따뜻한 채소 해물 국수가 어우러진 탕으로 저녁을 맛나게 먹고 타이베이 외곽 여정을 마친다.

예류 지질공원

쥬펀 마을 골목상가

천등축제 시골 마을 쓰펀 철길

싼샤 국가지정 문화재로 등록된 오래된 사찰

2018. 02. 08. 목

우라이폭포 150m

73일째, 타이완 14일 차. 신베이시 2,000m급 산에 웅장한 우라이(烏來) 폭포를 보기 위해 지하철 그린 선을 타고 신톈(新店)역에 도착 택시를 타고 40분 도착 2단 폭포로 150여m가 넘는다. 물줄기도 많은 양으로 장쾌한 모습을 드러낸다. 우와! 멋진 경관이다. 지금까지 70여 일 동안 여행 중 이렇게 가까이 그리고 큰 규모는 처음이며 대만에서 제일가는 폭포란 소리를 들을 만하다. 케이블카를 타고 폭포 정상부에서 내려보는 모습 일품이다.

싼샤(三峽) 절을 찾아본다. 국가지정 문화재로 등록된 오래된 사찰로 석조물 조각과 목공 조각의 진수를 보여주는 곳이다.

임가화원 주택

2018. 02. 09. 금

74일째, 타이완 15일 차. 타이완 여정 마지막이다.

부중(府中)역 임가화원(林家花園)을 둘러보았는데 대만에서 가장 기억에 남을 장소인 것 같다. 청나라 시대 임 씨가 살던 집인데 무역상을 하는 부호로 4천 평 대지에 건물을 지어 장사하는 사람들을 접대하던 곳으로 몇백 년 전 건물인데 정원 주변을 둘러친 사람 키 높이 회랑과 정원 담 둘레에 돌을 깎아 세워 병풍으로 정원을 만들고 건물 창틀과 창살을 대나무 형태 도자기로 세우고 미로 같은 산책길 등 요술나라 건축물이다. 그 당시 이런 모습을 구상한 건축가의 창안에 놀라움을 전한다.

손문 기념당

손문 국부기념당, 장개석 중정 기념당, 총통님 근무하는 곳 주변 행정원, 시청, 의회 등 총통부 건물과 국립대만박물관, 고궁박물관 등 둘러보았다.

중정 기념당 콘서트홀

바쁜 일정을 소화하고 젊은이들이 추천하는 '단수이' 거리를 마지막으로 가본다. 부슬비가 내리는 날씨. 타이완 여정 15일의 12일을 괴롭히는구나! 타이완 여행의 적기가 12월부터 2월이라 하였는데.

단수이 고등학교가 멋진 장소라는데 잠시 개방을 금지한다는 경비아저씨. 한글로 적어 놓았다. 한국의 젊은이들 많이들 왔다. 아쉬움으로 남기고 주변 해변에서 남기는 사진으로 추억을 만들어 놓는다. 담수(淡水) 역으로 오는 길 대만 카스텔라 본점이라 쓴 간판 아래 젊은이들 가득 줄 서 있는데 한국인들이 대부분이다. '오빠, 아줌마 얼른 오세요.' 등 한글 간판이다. 둘 만의 추억을 남기고자 가본 마지막 장소 단수이 해변을 뒤로하고 타이베이역 부근 용신사 역 화씨 야시장에서 일본 초밥집을 들어갔는데, 고급 일식집이다. 마지막 저녁 식사를 아내와 함께 괜찮은 음식으로 먹고 타이베이역에 도착. 출입구만 세어보니 70개가 된다. 도쿄 지하철역보다 더 복잡하여 이틀간은 정신이 없었다. 익숙해지니 이별을 한다. 바로 옆 중산역과 지하통로가 연결되어 있는데, 중산역도 출입구가 30개나 된다. 타이베이역 지하도시는 여의도 광장 크기 정도가 되는 것 같다. 타이베이 지하철은 평균 지하 4~5층 깊이다.

안녕! 타이베이! 그리고 타이완. 내일은 홍콩으로 간다.

총통부 건물

타이완 15일 여행경비 정리

괌 출발 국외선 비행기 1회 탑승
숙박, 식사, 일반 여행경비
5백80만 원 지출됨

06

환상의 도시 홍콩을 거닐며

HONG KONG

2018. 02. 11. 일

아내의 회갑기념 여행. 호주, 뉴질랜드, 하와이, 괌, 타이완 여정을 마치고 75일째, 홍콩 시내와 주룽반도(九龍半島)를 중심으로 다니는 전차와 2층 빅버스를 타고 관광한다. 홍콩은 현대도시 모습의 종합판이라 한다. 일요일 중앙센터 광장과 중앙로는 차량이 통제되어 차 없는 거리가 되었다. 정오쯤 웬 아가씨들과 아주머니들이 길거리를 10여 명씩 모여앉아 도시락으로 점심을 나누고, 카드도 하고, 단체 춤사위도 하고, 활기가 넘치고 시끄러울 정도다. 자세히 보니 베트남 아니면 필리핀 여성들 같다. 물어보니 필리피노라고 한다. 여성들 거의 16~18세 아가씨들이다. 일요일 직장휴식이라 차 없는 이곳에 고향 친구들이 모인 것이라 한다. 서울 혜화역 성당 앞에 베트남 여성들 만남의 장소처럼 그런데 인원이 대단하다. 수천 명이 되는 것 같다. 모퉁이 길에는 박스에 물건을 가득 담아 포장을 해주는 사람들이 있어 물어보니 필리핀으로 아가씨들이 물건을 사서 포장

홍콩(Hong Kong, 香港)

750만 명 도시로 이전에는 영국 식민지였으나 1997년 7월 중국에 반환되어 홍콩섬과 본토의 주룽반도(九龍半島)와 란터우섬 등으로 구성된 도시다.

후 고향으로 보낸단다. 그 옆 난전이 펼쳐졌는데 사람이 지나갈 수가 없다. 물건들 엄청나게 싸다. 아! 갑자기 마음이 찡해진다. 우리나라 60년대 어린 여성들이 공장과 도시에 나가 돈 벌어서 고향에 물건을 사서 보내던 모습이 떠올랐다. 물건 하나라도 더 담으려고 애쓰는 어린 아가씨를 보고 엄지 척하니 해맑은 표정으로 웃어준다.

고향으로 보내지는 물건들

홍콩 도시 설계를 이렇게 환상적으로 한 사람이 누굴까? 그야말로 산비탈 도시인데 어쩌면 이렇게 잘 계획하였을까? 특히 중심가 모든 건물과 건물 사이를 공중 보도 길을 연결하여 건너다니게 한 것이 참 특이하다. 일시에 거대한 빌딩들이 들어선 것도 아닌데 전부 연결 통로를 만들어 잘 순환되게 만들었다는 것에 감탄해본다. 일요일 수많은 관광객이 거리를 가득 메우고 버스, 트램, 택시, 주룽반도를 오가는 페리 인파로 넘쳐난다. 특히 산으로 올라가는 트램은 엄청난 인파들이 줄을 서고 경찰관들 정리에 바쁘다. 도심 골목과 주룽반도 시장길 사람들이 지나다닐 수 있을까? 의심이 간다. 휘황찬란한 야경에 많은 관광객 추억을 담기에 분주하다.

전망대 올라가는 트램과 함께

빅토리아 전망대에서 내려다본 홍콩 시내 중심

주룽반도 선착장 스카이 100 국제무역센터 등

주룽반도(九龍半島) 페니슐라 호텔

홍콩 빅토리아항구 야경

란타우섬 청동불상

'란타우섬' 케이블카를 타고 간다. 홍콩에서 제일 큰 청동불상과 최대 사찰이다.

07

중국 본토 선전深圳을 헤맨다

SHEN CHEN

2018. 02. 15. 목

홍콩의 마지막역인 로우역에 도착. 선전 자유경제 구역에 입국하기 위한 5일 비자신청 등을 마치고 중국본토에 입국한다. 춘절(설 명절)를 앞두고 분주하다. 붉은색 복종이를 파는 집은 불난다. 복주머니 종이 10위엔 어치 샀다. 길거리 좌판에서 우리의 찰떡 떡메치기를 한다. 붐비는 국숫집에 들어가니 국수를 라멘이라 하네? 만두는 뭐라 하는데? 국수는 수타면으로 맛좋고 만두도 맛있다. 선전 아침 동문시장을 둘러본다. 설 명절 하루 전이어서 많은 상점 휴업이다.

시내 중심지역, 100층 빌딩을 비롯해 은행 건물들 위용을 자랑한다.

선전(Shen-Chen, 深圳)

1,100만 명. 1979년 경제특구(經濟特區)로 선포되어 1980년대 놀랄 정도로 성장. 홍콩을 방문하는 여행객의 중간 기착지가 되었을 뿐 아니라 상업과 공업이 발달하여 이곳 주민들은 다른 지역의 중국인들보다 훨씬 높은 임금과 생활 수준을 누리고 있다.

선전 철도역사

선전 시내 맥도날드점

시내버스를 타니 버스 안내양이 있어 차표를 끊어준다. 신기하다. 70년대 서울 생각이 난다. 종점에서 종점까지 4개 노선을 타고 다녀보니 시 외곽 10개 구 중에 남산 구라는 곳이 신도시 규모를 나타낸다. 종점 부근 지하철 해상세계 역에 내리니 작은 항구 주변인데 휴양지로서 멋진 풍광을 나타낸다. 예상치 못한 곳에서 멋진 모습들을 보고 점심은 피자로, 저녁은 오래된 배를 개조해 호텔과 레스토랑으로 만든 배의 6층에서 설 명절 하루를 앞두고 자축도 하고 여행도 막바지에 이르고 하여 근사한 저녁과 와인으로 축하한다. 식사를 마치고 1시간 가량 지하철을 타고 호텔에 도착. 섣달그믐 밤에 접어든다.

해상공원 선상 레스토랑 축배

해상공원 야경

선전 지하철이 11개 노선이 있고, 1천만 명이 넘는 인구가 거주하는 대단한 규모의 도시이다. 시 중앙 도로는 거의 12차선을 유지하고 외곽고속도로도 10차선으로, 2개 차선은 외곽버스들이 손님 내려주고 고속도로 달리고 한다. 대륙다운 규모의 도시 설계에 놀랐다. 선전은 개방정책의 성공으로 국제도시로 발전하였고 홍콩과 인접하여 자유무역 중심 도시로 발전했다. 116층 빌딩의 112층에서 내려다보는 야경은 춘절로 인해 불 꺼진 건물이 많아 아쉬웠다.

선전 116층 빌딩

선전시 야경

08

내친김에 광저우까지

GUANGZHOU

2018. 02. 17. 토

82일째, 선전(深圳)역에서 기차로 1시간 30분 광저우(广州)역에 도착한다. 춘절 기간이라 역광장은 인산인해라고 해야 한다. 도시로 복귀하는 사람들로 15분마다 선전에서 광저우로 오는 열차는 가득히 사람을 싣고 와서 내려놓는다. 광저우시는 인구 1천3백만 명이 넘는 중국에서 3번째 큰 도시라는데 놀랍다.

광저우 철도역사

광저우(Guangzhou, 广州)

인구 1,300만 명. 주강을 따라 동서 방향으로 10㎞쯤 계속되는 강변을 따라 옛 시가지가 펼쳐져 있다. 이전에 광저우는 좁고 복잡하고 번잡한 도시였다. 그러나 1920~30년대에 활기찬 현대화 계획이 추진되어 넓고 가로수가 즐비한 거리, 현대적 도시 기준을 갖춘 살기 좋은 도시가 되었다.

2018. 02. 18. 일

83일째, 춘절 기간이다. 광저우 주변을 여행하고자 여행사를 찾아서 단샤산(丹霞山) 여행을 예약하고 시내투어를 한다. 시내 중심에 있는 '웨슈궁위안(越秀公园)'은 3개의 커다란 호수를 품은 공원으로 아열대 나무가 숲을 이룬다. 광저우를 상징하는 '오양석상(五羊石雕)'은 11m 높이로 5마리의 양을 형상화한 조각으로 아주 오래전 광저우가 빈곤에 시달렸을 때 5명의 신선이 벼 이삭을 입에 문 5마리 양을 타고 내려와 가난을 구제했다는 전설이 있다. 쑨원을 기념하여 세운 중산기념비, 광저우 시내를 내려다보는 진해루 등 볼거리가 다양하다.

웨슈궁위안(越秀公园) 오양석상(五羊石雕)

북경로(北京路)는 서울 명동거리와 비슷한 곳으로 평일 50만 명, 주말 100만 명이 북적이는 거리로 인파로 다니기 힘들다. 일직선 도로 400m로 짧지만, 상점과 백화점이 줄지어 있다. 이곳은 '천년 고루 유적(千年古楼遗址)'이라 적힌 보행전용 거리로 2002년 거리를 정비하다가 지하 3.5m에서 11층으로 중첩된 고대 도로와 성문 유적을 발견했다. 당나라 때는 이곳에 개천이 흘렀는데, 그 개천을 메워 도로를 건설했다고 한다. 도로가 중첩된 것은 송·명대에도 도시가 계속해서 확장된 흔적이다. 현재는 유적 위에 강화 유리를 덮어 보존하고 있다.

북경로 입구

주강(珠江)은 광저우 시내를 관통하는 총 길이는 2,124km로 중국 3대 하천으로 광저우 대교 등 10개의 다리 유람선을 타고 보는 야경이 감동이다.

주강 산책로에서 야경

주강에서 보는 광저우 타워

광저우 타워에서 내려다본 야경

2018. 02. 19. 월

84일째, 춘제를 보내고 복귀한 인파들이 시내 곳곳의 볼거리 휴식 장소는 사람들로 만원이다. 공원에서는 댄스를 즐기는 사람들 체조, 노래 등을 즐기는 사람들로 붐빈다. 마카오 가는 방법을 확인하고자 전철 남 광저우역에 도착하니 철도역사를 보고 놀랐다.

인천공항 정도 크기다. 4층 규모로 지하철 위층은 북경, 상해 등 도시를 가는 열차 홈 버스터미널 등 복합시설로 대단한 규모다. 선전역도 표 파는 창구가 36개 정도였는데, 광저우에는 40곳이 넘게 창구가 있고 표만 팔고 기다리는 곳이 서울역사만 하여 규모에 압도된다. 창구에서 '주해역' 가는 예약표 2장 준다. "마카오표는?" 물으니, 주해역에 가서 사란다.

남 광주역 플랫폼

남화사 南華寺

　광저우 서북쪽 150㎞ 남화사는 중국 불교 최고의 선승이라 추앙받는 혜능선사가 37년이란 긴 시간 동안 수행하던 장소로 중국 선종불교가 개창되어 중국 불교의 성지로 알려지고 1,350년 된 혜능국사의 등신불이 남아 있다.

2018. 02. 20. 화

　87일째, 광저우 시내 광주대로길 12차선 도로다. 규모에 놀랍다. 고속도로 8차선이다. 고향에서 돌아오는 차, 나기는 차로 가득하다. 4시간이 지나 작은 시골 마을 사찰 남화사(南華寺)에 정차한다.

　잠실운동장 야구 마치고 나올 때와 비슷한 인파들 규모로 사찰로 몰려 올라간다. 놀랍다! 사람이 이렇게 많다니! 버스를 탄 인원이 52명인데 한국인 우리 부부뿐이다. 가이드와 짧은 영어로 의사소통만 가능하고 모든 이들 우리를 처다본다. 참 재미가 없겠네! 생각하면서 점심 테이블에 합석해서 식사하는데, 50대 여성 영어로 어디서 왔느냐 물어본다. 한국이라 하니 영어로 한국을 잘 알고 서울도 다녀왔단다. 오호! 서로 인사하니 아버지, 어머니, 남편, 오빠랑 연휴 관광을 왔단다. 어머니 82세, 아버지 85세, 할머니가 영어로 내게 말하는데 나보다 영어를 더 잘한다.

중국인들, 특히 나이 드신 분들은 거의 말 걸면 고개 절레절레 하는데 이분들 전부 영어를 잘한다. 식사하면서 소개하고 대화해보니 두 부부는 광저우에 살고, 아들은 핀란드 헬싱키에 공학 박사, 딸과 사위는 중칭에 살고 있단다. 아들딸 모두 북경대학 다녔고, 할아버지도 대학교수로 일본 도쿄에서 오랫동안 거주하셨으며 할머니는 미국에서 오래 있었단다. 자기들과 같이 다니자 한다. 82세 할머니 가족과 함께 남화사 경내를 다니는 동안 할머니가 설명해주시고 중국말을 가르쳐 주신다. 남화사 절은 창건 1,500주년을 몇 년 전에 지냈으며, 중국에서 제일 오래된 사찰이라고 하신다.

그래서인지 큰 사찰 경내에 걸어 다닐 수 없을 정도로 많은 인파에 가족들과 길잡이 일행을 놓쳤다. 할머니가 걱정하지 말아라 하시면서 우리 부부와 함께 경내 이곳저곳 설명과 함께 다니면서 전화해서 우리 셋이 어디로 가고 있으니 걱정하지 말라도 하신다. 나는 서울 소개와 내 고향 영주시를 알리면서 오래된 '부석사' 절이 있다. 하였더니 따라서 오란다. 가보니 경전들이 있고 잠시 쉬는 공간인데 벽면에 이곳을 방문한 단체와 사람들 사진이 있는데 영주시장 사진이 있단다. 정말 있다! 2011년 영주시장님과 일행들 방문 사진이다. 또 놀랐다! 한국의 조계종 큰스님들의 방문 사진 등 한국불교 단체 교류 사진이 5장 정도 있다. 어렴풋이 기억이 난다. 영주시와 중국의 어떤 도시와 자매결연을 하여서 인적 교류와 생산품을 교류한다는 고향 신문을 본 적이 기억나는데 그곳이 이곳 곡강현이다.

화보, CD 등 몇 가지를 챙겨주신다. 할머니 가족들과 함께 사진을 남겨본다. 낯선 곳, 말이 통하지 않는 곳에서 의미 있는 여행의 하루가 되었다.

광저우 가족들과 함께

단샤산丹霞山

남화사에서 차로 20여 분 떨어진 곳에 중국의 자랑거리인 단샤산 국가공원이 자리하고 있다. 1988년 국가 최고명승 풍경구로 지정되었고, 2010년에는 유네스코 세계 자연유산으로 지정되었다. 단샤산은 지질학회가 선정한 세계 3대 지질공원 중 하나다. 전 세계 지질학자들이 으뜸으로 꼽는 단샤산의 최고 높이는 408㎙. 붉은 사암으로 형성되어 있다. 노을이지는 저녁 무렵에는 일곱 가지 색깔로 나타나 무지개산으로도 부른다. 가장 눈길을 끄는 것은 묘한 형상의 산봉우리. 바로 지름 7㎙, 높이 28㎙에 이르는 양원석이다.

2018. 02. 20. 화

88일째, 오늘은 단샤산에서 관광한다. 계곡 중간쯤 댐을 만들어서 물길이 생겼는데 바위산들과 절묘한 조화를 이루고 있다. 한 바퀴 돌아오고 나서 케이블카를 타고 전망대에 오르니 과연 A+ 5개를 받을 풍광이고 이름을 날릴만하다. 한 폭의 수채화를 펼쳐 놓은 듯 겹쳐지는 산세에 따라 변하는 모습에 한참 매료된다. 2천 계단을 2시간 오르는 길이 까마득히 절벽을 타고 오르도록 보이는데 젊은이들과 절반 정도는 그길로 간다. 절벽 위에는 서울 관악산 암자처럼 절벽 위에 큰 규모의 사찰이 있다. 멀리서도 아름다운 지붕 곡선이 시야에 맴돈다.

양원석

지질공원

오후 4시 30분 광저우로 돌아간다. 남화사 교차로가 폐쇄되어 경찰들이 돌아가란다. 무슨 일이래! 춘절 마지막 날로 광저우로 몰려가는 차들로 고속도로 폐쇄되었단다. 광저우까지 어림잡아 400㎞는 되겠는데, 기사님이 뭐라고 우기더니 요금소 입구로 가더니 진입한다. 승객들 박수로 응원한다! 문제는 진입이 아니라 가는 거다. 섰다 가다. 뭐 도로가 아니다. 그야말로 서 있는 주차장이다. 4시간 정도 거리를 13시간 걸려 도착. 택시로 호텔에 돌아왔다.

한국의 설을 중국에서 춘절 7일간 보내면서 중국 사람들의 춘절을 경험해 보고 잊지 못할 추억을 만들어 보았다.

중국 선전, 광저우 7일 여행경비 정리

숙박, 식사, 일반 여행경비
3백 20만 원 지출됨

2018. 02. 23. 금

마카오로 가기 위하여 사놓은 열차표로 주해 역까지 1시간 거리 도착 항구로 간다. 마지막 검사 구간 세관원 갸우뚱한다. 옆 직원과 뭐라 하면서 우리를 별도로 오라 한다. "당신들 마카오 No" 한다. "Why?" 물으니, 홍콩에서 선전 들어올 때 선전 비자가 있으니 당신들은 선전으로 가서 홍콩 거쳐 마카오로 가란다. 황당!

13시, 부지런히 남광주역에서 선전 기차표를 알아보니 23시 막차뿐이다. 내일은 선전 세관원들과 어떤 씨름을 해야 하지? 비자에 표기된 체류 기간보다 5일이 경과되었으니… 고민 속에 잠자리에 든다.

주해역 옆 항구 터미널

2018. 02. 24. 토

91일째, 어제 고민 속에 잠자리에 들었는데 꿈에 나타나질 않았다. 기분이 상쾌한 아침 일찍 서둘러 선전역으로 간다. 출국심사장, 내가 먼저 앞장서서 받는다. 심사원이 머리를 갸우뚱하더니 옆에 직원에게 뭐라 한다. 그렇지 시각장애인이 아니면 알아내야지 봉급 받는 사람들인데… 오란다. 별도로 안내를 하며 대기실에 기다리란다. 10분 경과. 뭐라 하면서 5일 초과 하였단다. My Miss! 하루 500위안 벌금 내란다.

젠장! 고지서 받아서 BHC 중국은행에 가니 은행 비자카드 현금 나온다고 하는데 안 된다. 열나네! 다섯 개 은행 돌아다니는 데 2시간 걸려 현금을 찾아 납부했다. '당신은 체류기한을 어겨서 벌금을 내었음을 확인합니다.'는 서류에 서명하고 지장 찍고 종료. 세관 통과, 홍콩에 도착한다.

홍콩에서 선전으로 입국할 때 5일 비자 받으면 5일 후 꼭 선전 입국세관을 통해 홍콩으로 돌아가야 한다.

홍콩 성환역에서 마카오행 훼리를 타고 도착 휘황찬란한 마카오 거리를 젊은이들과 함께 즐겨본다. 모든 것을 잊고 남은 여정 3일을 즐겁게 보내기 위해 잠자리에 든다.

09

마카오 손잡고 골목골목으로

MACAU

2018. 02. 25. 일

92일째, 마카오 아내와 손잡고 골목길을 걸어 유적지와 아름답고 황홀한 풍경을 남겨두었다. '코타이'라 부르는 섬이 다리로 연결되어 있어 가본다. 코타이섬은 개발이 늦게 되어 신도시 기분이며 아직도 개발을 추진한다. 갤럭시호텔, 베네시안, 웨스턴, 포시즌, 파리시안 등 10여 개 세계적인 호텔들이 웅장한 모습을 경쟁하듯이 자랑한다. 과연 마카오가 호텔과 카지노 천국이라는 말 그대로다. 마카오 전체를 타박타박 걸어가기 관광안내서를 한국에서 가져왔으니 그걸 보고 걸어서 이곳저곳 알뜰히 챙겨보았다. 동선당 약국 박물관이 안내되어 찾아가 보니, 우리의 한약방인데 마카오에서 아주 오래전에 개업된 한약방으로 창업주의 동상과 수많은 약사 사진이 역사를 증명한다. 맞은편에 약국이 운영되고 있어 들어가 보니 한의사 선생님들 다섯 분이 분주하다. 물끄러미 구경하니 "왜 왔느냐?" 묻는다. 한국 여행자인데 한국에도 동선당 한약국이 있다. 침

마카오(Macau, 澳門)

중국 광둥성 남부에 있는 특별행정구. 1888년 포르투갈의 식민지가 되었다가 1999년 12월 중국으로 반환되었으며, 포르투갈의 흔적이 곳곳에 있어 마카오의 독특한 관광 자원이 되었다.

놓아주는 시늉을 하니 아하! 고개를 끄덕인다. 대화의 물꼬를 텄다. "한약 냄새가 향긋이 풍겨서 너무 좋다." 하니 "굿!"이라 한다. 남자 의사님이 한국을 잘 안다 하신다. 오렌지를 나누어 먹는 것이 간식시간 같다. 가지고 와서 드시면서 우리는 안 준다. "그거 오렌지 아니냐? 우리도 한쪽 주시오." 하니, 웃으면서 "OK!" 집으란다. 서로 웃으면서 오렌지 한쪽을 얻어먹고 여의사님이 쓰는 나무 주판을 보고 신기해하니 굿이란다. 서로 웃

성 바울 성당

으면서 인사드리니 사진을 함께 찍어 준다 하신다. (재미있으신 한의사님들 고맙습니다.) 마카오 여행의 마지막, 저녁 야경이 아름다운 코타이 지역을 걸어본다. 불야성이란 말은 이곳을 두고 하나 보다. 모든 호텔 외관이 조명등으로 동요 속 은하수 별장에 온 것 같다.

동선당 한약국 의사 선생님들과 함께

화려한 마카오 호텔 야경

2018. 02. 26. 월

93일째다. 10시에 호텔을 나서면서 마지막 한 번 더 둘러보는 주룽반도를 둘러보았다. 15일 전에는 버스 타고 둘러본 곳들, 오늘은 걸어서 다닌다. 골목과 도시의 화려함, 그리고 청계천 공구상가와 을지로 욕실 자재 파는 거리처럼 여기도 그런 상점들이 모여 있어 '사람 사는 동네는 비슷하네.'라는 생각을 하게 한다. 시장, 번화가를 누비면서 공원에서 도시락을 먹고 걸어서 침사추이를 거닌다.

마지막으로 본섬의 화려한 야경과 주룽반도의 야경을 담아보고, 호텔 레스토랑에 피자가게가 있어 피자 한 판을 사 주룽반도 100층의 전망대에서 해변을 내려다보며 맛있는 저녁을 먹는다. 추억의 마지막 사진을 담아두고 본섬 중앙역으로 돌아와 빅토리아산 정상 전망대로 올라가는 노면전차 역 뒤 호텔로 올라간다.

아내의 손을 잡고 가는데 아내가 흥얼흥얼 아리랑을 노래한다. 나도 따라 하는데 가슴이 뜨거워지고 눈물이 흘러내린다. 한참을 뜨거운 가슴으로 올라와 호텔 앞에서 아내를 안아 주었다. 그동안 다니느라 고생하였다고. 나보고 더 고생하였단다. 사랑하는 아내의 회갑기념 여행을 이렇게 만들어 보았다.

주룽반도 춘절 복을 빌어주는 춤꾼과

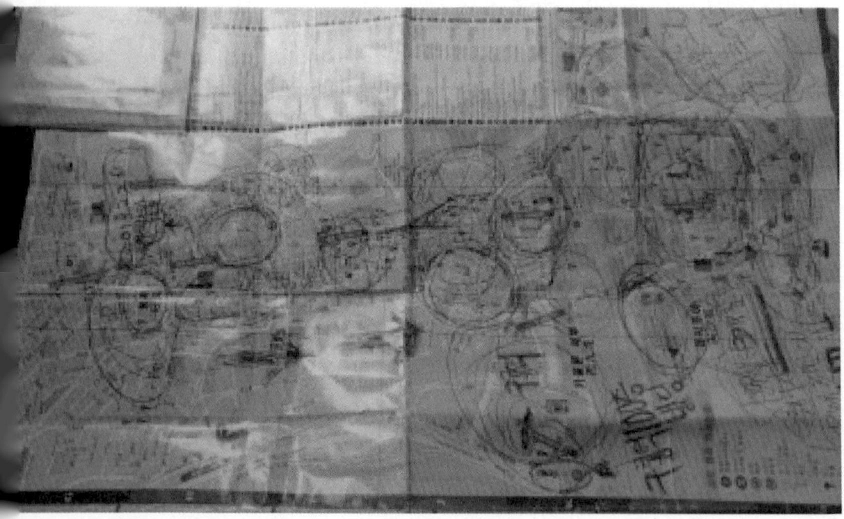

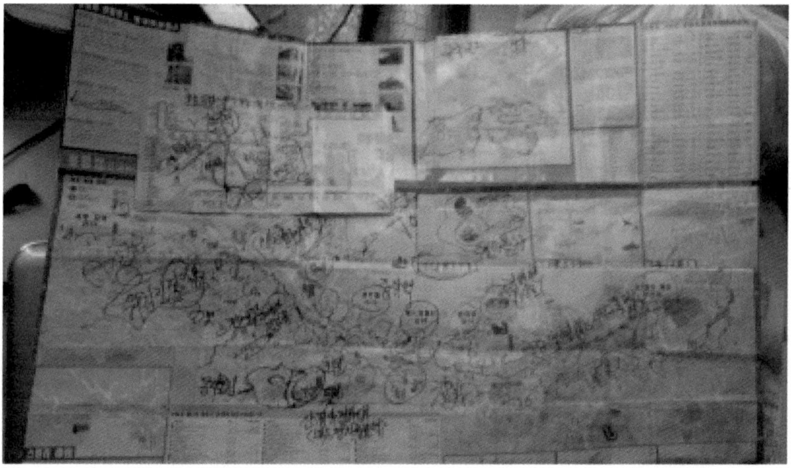

홍콩섬과 주룽반도 지역

홍콩, 마카오 10일 여행경비 정리

대만 출발 국외선 비행기 1회 탑승
숙박, 식사, 일반 여행경비
5백 40만 원 지출됨

2018. 02. 27. 화

아내의 회갑기념을 위해 약 3개월 여정의 호주, 뉴질랜드, 하와이, 괌, 대만, 중국선전(深圳), 광저우(广州), 마카오(澳门), 홍콩(香港) 등 6개 국가, 50여 개 도시로 마쳤다.

94일째, 긴 여정에 참 많은 추억을 만들어 보았다. 그냥 답답하니 여행 가자고 캐리어 작은 것 하나, 배낭 하나 메고 나선 여행이 이렇게 많은 나날 동안 이어져 무사히 보내고 건강하게 한국으로 돌아간다.

홍콩 호텔을 9시에 나선다. 센트럴역에서 비행장까지 가는 열차를 타기 위해 호텔 앞 택시기사님의 인사를 사양하고 캐리어 끌고, 배낭을 메고 내리막길을 내려온다. 중앙 거리를 지나고 30분가량을 걸어서 중앙역에 도착한다. 운반구를 수화물로 위탁하고 공항행 열차로 30분 달려 공항에 도착한다. 공항에 이륙 비행기가 많아 1시간가량 지연 출발한다. 홍콩시각 오후 1시, 드디어 이륙한다.

가슴이 뜨거워짐을 느낀다. 기내에서 점심을 먹을 때 여행 중 처음으로 포도주를 3잔 받아먹고 피곤함에 잠에 들었다. 얼마 지나지 않아 기내방송이 울린다. 한국에 곧 도착한단다. 깨어나 아래를 보니 군산 상공을 지나간다.

'아! 한국 땅이네!' 기내 승무원도 한국인, 기내방송도 한국어! 3개월 만에 들어보는 친숙한 언어들이 갑자기 어색하다! 서울역에서 식사 후 후암동 집에 도착하니, 저녁 9시다. 문을 열고 들어서니 이상하다. 우리 집이 아닌 것 같은 서먹한 기분. 벽에 걸어놓은 달력이 17년 11월 그대로이다. 방을 열어보아도 어색하다. 짐을 내려놓고 잠시 쉬고 나니, 우리 집 풍경이 익숙해진다.

다음 날 아침. 식사 후 짐을 정리하자 여행 준비 용품으로는 매우 적다. 다음 여행에 참고가 많이 되겠다. 비가 내리는 저녁, 긴 여행의 말미를 이 글로 마무리한다.

2018년 2월 28 수요일

송재명·황순도 여행 일기

메일 sjm5401@hanmail.net

네이버 블로그 https://blog.naver.com/sjm5401

다음 블로그 http://blog.daum.net/sjm5401

모바일 폰 010-9004-1474

홍콩 공항 출국장에서 만세 부르는 송재명

94일 여행경비 지출 내역 (은행 입출금 내역)		
2017/10/31	2,286,600원	호주 여행비 - 비행기 9회 - 숙박 31일 - 일반 교통비 및 식사비
2017/11/23	10,000,000원	
2017/11/23	3,000,000원	
2017/12/11	1,209,906원	뉴질랜드 여행비 - 비행기 2회 - 숙박 15일 - 일반 교통비 및 식사비
2017/12/18	442,406원	
2018/01/08	4,836,241원	
2018/01/13	3,985,264원	하와이, 괌 여행비 - 비행기 4회 - 숙박 16일 - 일반 교통비 및 식사비
2018/01/16	1,905,495원	
2018/01/31	3,592,184원	
2018/02/12	7,155,803원	대만, 홍콩 등 여행비 - 비행기 4회 - 숙박 32일 - 일반 교통비 및 식사비
2018/02/14	1,470,106원	
2018/03/01	3,960,865원	
2018/03/12	450,088원	
2017/10/31	1,705,042원	환전 및 준비금
전체 비용 합	46,000,000원	

3개월 여정. 94일 여행경비 총정리

인천 출발 및 국외선 비행기 7회 탑승
30개 도시 간 국내선 비행기 13회 탑승
숙박, 식사, 일반 여행경비
4천 6백만 원 지출됨